可见光通信的物理层安全研究

赵 响 著

西安电子科技大学出版社

内 容 简 介

本书介绍了可见光通信的物理层安全的基本理论，系统阐述了可见光通信的物理层安全的应用背景及研究现状，详细介绍了单窃听节点与多窃听节点情况下基于 NOMA 的可见光通信的物理层安全问题，阐述了用户移动情况下基于 NOMA 的可见光通信的物理层安全问题、两用户 NOMA 可见光通信中强用户的物理层安全问题、智能反射面辅助的可见光通信-射频异构协作 NOMA 网络的物理层安全问题等。本书为面向 6G 的可见光通信前沿技术研究提供了理论支撑，为拓展 NOMA 物理层安全的应用领域提供了新思路。

本书读者对象为从事通信领域尤其是可见光通信研究的工程技术人员，以及高等院校电子信息类相关专业的本科生、研究生和教师。

图书在版编目(CIP)数据

可见光通信的物理层安全研究/赵响著. —西安：西安电子科技大学出版社，2023.4
ISBN 978 - 7 - 5606 - 6765 - 2

I. ①可… II. ①赵… III. ①光通信—安全技术—研究 IV. ①TN929.1

中国国家版本馆 CIP 数据核字(2023)第 022023 号

策　　划　陈　婷
责任编辑　张　玮
出版发行　西安电子科技大学出版社(西安市太白南路 2 号)
电　　话　(029)88202421　88201467　　　邮　　编　710071
网　　址　www.xduph.com　　　　　　　电子邮箱　xdupfxb001@163.com
经　　销　新华书店
印刷单位　陕西天意印务有限责任公司
版　　次　2023 年 4 月第 1 版　2023 年 4 月第 1 次印刷
开　　本　787 毫米×960 毫米　1/16　印张　9.5
字　　数　166 千字
印　　数　1～1000 册
定　　价　32.00 元
ISBN 978 - 7 - 5606 - 6765 - 2 / TN
XDUP 7067001 - 1
* * *如有印装问题可调换* * *

前　言

可见光通信利用未规划的 400～790 THz 频段进行数据传输，可极大地缓解日趋白热化的"频谱危机"。可见光通信在发光二极管（Light-Emitting Diode，LED）照明基础上实现通信，由于 LED 光源的半功率半角约束，可以在不同的照明区域内空间复用频谱，提高了频谱效率。此外，可见光通信还具有以下优点：成本低，实现简单；为满足室内照明需求，一般具有较高的信噪比；无电磁污染，可用于飞机、医院、工业控制等射频敏感领域。可见光通信巨大的科学意义和应用价值，受到国内外学术界、工业界和政府部门的普遍重视。

由于其固有的广播特征，可见光通信支持多个用户接入相同的无线资源，尤其适用于大规模互联的物联网应用。为满足下一代无线通信系统支持更高连接密度的要求，研究人员提出了基于下行非正交多址接入（Non-Orthogonal Multiple Access，NOMA）的多用户可见光通信方案，通过 LED 发射端电功率域的叠加编码以及用户接收端电功率域的串行干扰消除技术，让多个用户共享相同的时频无线资源，以此来进一步提升频谱效率。基于 NOMA 的多用户可见光通信正受到国内外的广泛关注。

与射频无线通信一样，可见光通信也面临着安全威胁。利用 LED 光源发送信息时，如果窃听者与合法用户处于同一 LED 光源光照范围内或处于同一光照区域，信息便存在被窃取或被拦截的可能性。利用可见光进行通信易遭受安全威胁的典型应用场景，包括图书馆、会议室、大型购物中心、机场等人员密集场所。近几年，物理层安全逐渐成为研究的热门方向，它不仅提供了防御窃听攻击的第一道防线，而且是传统加密技术的一个有效补充。虽然关于可见光通信的物理层安全研究已经取得了一些成果，但仍面临着以下挑战：

（1）下行可见光通信中的物理层安全研究主要解决的是单个合法用户受到窃听者的安全威胁问题。多个合法用户同时接入，能充分发挥 NOMA 优势的可见光通信在用户公平性、能量效率、用户和速率、误码率等性能研究方面的报道比较广泛，然而基于 NOMA 的多用户可见光通信的物理层安全问题分析还比较少。

（2）实际应用中，用户移动是无线通信的重要特征，也是可见光通信的重要特征。随着移动互联网的蓬勃发展，无论是移动支付、移动社交，还是移动办公，移动业务的安全是所有用户共同的需求。用户移动情况下基于 NOMA 的可见光通信物理层安全研究需要进一步探讨。

（3）在最基本的两用户 NOMA 可见光通信中，强用户能够通过串行干扰消除技术去除弱用户的信号。如果不能保证强用户的信息安全，那么弱用户的安全也不能得到保障。因此，迫切需要提高基于 NOMA 的可见光通信中强用户的安全性能。

（4）智能反射面（Intelligent Reflective Surface，IRS）辅助的无线通信技术在近两年引起了广泛关注。在智能控制器作用下 IRS 可以重构无线传播环境，能够将入射到其表面上的电磁波反射传送到既定的目标。虽然已有针对 IRS 辅助的射频无线通信、毫米波和太赫兹通信以及独立可见光通信的物理层安全研究，但是，截至目前，关于 IRS 辅助的 NOMA 多用户协作网络的物理层安全研究还很少。

本书针对以上研究挑战，研究基于 NOMA 的多用户可见光通信的物理层安全。首先，通过研究单窃听节点与多窃听节点情况下基于 NOMA 的多用户可见光通信的物理层安全，获得不同情况下 NOMA 合法用户的安全性能界。然后，在分析单个用户随机移动情况下可见光通信的物理层安全基础上，研究用户移动情况下基于 NOMA 的多用户可见光通信的物理层安全，以提高移动场景下多用户可见光通信的安全性能。接着，针对两用户的 NOMA 可见光通信，研究强用户的物理层安全问题，通过提升强用户的安全来确保弱用户信息的安全传输。最后，研究智能反射面辅助的异构协作 NOMA 网络的物理层安全，设计智能反射面辅助的异构网络中合法用户工作在协作 NOMA 模式下的安全传输方案，以增强基于 NOMA 的多用户协作可见光通信的安全性能。

本书为面向 6G 的可见光通信安全研究提供了理论依据，为拓展 NOMA 物理层安全的应用领域提供了新思路，能够促进可见光通信物理层安全技术在银行、机场等人员密集场所中的应用，同时也推动其在溶洞旅游、泛在无线接入服务等领域的实用化进程。

本书获得了国家自然科学基金（编号：61961007 和 61862016）项目的支持。

作　者
2022 年 12 月

目　　录

第 1 章　绪论 ·· 1

1.1　引言 ··· 1

1.2　基于白光 LED 的可见光通信基本理论 ·································· 2

1.3　物理层安全基本理论 ··· 5

1.4　可见光通信的物理层安全研究现状 ··· 7

1.5　章节安排 ·· 8

　参考文献 ·· 9

第 2 章　基于 NOMA 的可见光通信的物理层安全 ················· 14

2.1　引言 ·· 14

2.2　单个窃听节点情况下基于 NOMA 的可见光通信的物理层安全 ··· 17

　2.2.1　系统模型 ·· 17

　2.2.2　可见光通信信道特性 ·· 19

　2.2.3　系统的安全中断概率 ·· 21

2.3　多个窃听节点随机分布情况下基于 NOMA 的可见光通信的物理
　　层安全 ··· 23

　2.3.1　系统模型 ·· 23

　2.3.2　接收信噪比的统计特征 ·· 24

　2.3.3　最有害窃听时系统的安全性能界 ····································· 28

2.4　实验与结果分析 ·· 30

　2.4.1　单窃听情况下系统的安全性能 ······································· 30

　2.4.2　多窃听情况下系统的安全性能 ······································· 33

　本章小结 ·· 35

　参考文献 ·· 35

第 3 章　用户移动情况下基于 NOMA 的可见光通信的物理层安全 ········· 40

3.1 单个用户随机移动情况下可见光通信的物理层安全 ……… 40

   3.1.1 移动模型 ……………………………… 41

   3.1.2 系统模型 ……………………………… 43

   3.1.3 随机路点移动模型下可见光通信系统的安全 ……… 49

   3.1.4 随机方向移动模型下可见光通信系统的安全 ……… 53

   3.1.5 实验与结果分析 ……………………… 55

3.2 用户移动情况下 NOMA 可见光通信的物理层安全 ……… 60

   3.2.1 引言 …………………………………… 60

   3.2.2 系统模型 ……………………………… 64

   3.2.3 用户移动引起的光接入点与发送功率动态分配问题 ……… 66

   3.2.4 分层功率分配算法 …………………… 68

   3.2.5 实验与结果分析 ……………………… 75

本章小结 ……………………………………… 79

参考文献 ……………………………………… 80

第4章 两用户 NOMA 可见光通信中强用户的物理层安全 ……… 86

4.1 系统模型 …………………………………… 87

4.2 MISO – NOMA 可见光通信信道特性 ……………… 89

4.3 NOMA 强用户的接收信噪比统计特征 ……………… 91

4.4 NOMA 强用户的安全中断概率 ……………………… 92

4.5 实验与结果分析 …………………………………… 93

本章小结 ……………………………………… 95

参考文献 ……………………………………… 95

第5章 智能反射面辅助的可见光通信 射频异构协作 NOMA 网络的物理层安全

   ………………………………………………… 98

5.1 智能反射面辅助的射频无线通信系统 ……………… 98

   5.1.1 系统模型 ……………………………… 99

   5.1.2 接收信噪比的统计特征 ……………… 101

   5.1.3 系统的中断性能 …………………… 103

   5.1.4 实验与结果分析 ……………………… 104

5.2 智能反射面辅助的协作 NOMA 通信系统 ……………………………… 105

 5.2.1 系统模型 …………………………………………………… 106

 5.2.2 接收信噪比的统计特征 ……………………………………… 108

 5.2.3 系统的中断性能 …………………………………………… 109

 5.2.4 实验与结果分析 …………………………………………… 111

5.3 智能反射面辅助的基于协作 NOMA 的可见光通信-射频异构网络

 物理层安全 ……………………………………………………… 117

 5.3.1 网络模型 …………………………………………………… 119

 5.3.2 VLC 链路和 RF 链路的统计特征 ………………………… 121

 5.3.3 异构网络协作 NOMA 的安全中断性能 ………………… 126

 5.3.4 实验与结果分析 …………………………………………… 128

本章小结 ……………………………………………………………… 133

参考文献 ……………………………………………………………… 134

第 6 章　总结与展望 ………………………………………………… 141

6.1 总结 ………………………………………………………………… 141

6.2 展望 ………………………………………………………………… 144

第 1 章 绪 论

1.1 引 言

随着物联网的空前发展，射频（Radio Frequency，RF）无线通信的频谱资源越来越难以满足大规模互联、高速率、低时延的数据传输需求。为了突破这个瓶颈，人们考虑开发利用新的频段。作为 6G 关键技术之一的可见光通信[1-3]，利用未规划的新频段（400～790 THz）进行数据传输，具有传输速率高、频谱效率高、部署成本低以及无电磁干扰等优点。

光无线信道的广播特性[4]使得可见光通信能够容纳大量用户。传统的多用户可见光通信，如基于正交多址接入[5-7]的可见光通信，每个用户单独分配一个在电域中正交的无线资源（时隙、频段或正交的码元）以减小用户间干扰。然而，由于无线资源的短缺，正交多址接入方案并不能支持太多用户接入，基于正交多址接入的可见光通信并不能真正做到大规模互联。而非正交多址接入（Non-Orthogonal Multiple Access，NOMA）技术[8-9]使用相同的频率或时隙资源服务多个用户，并在功率域将多个用户加以区分，具有支持大规模互联的固有性质。由于 NOMA 在高信噪比环境下性能更优[10]，而可见光通信是在发光二极管（Light-Emitting Diode，LED）照明基础上实现的通信，为满足光照需求，通常具有较高的信噪比，因此 NOMA 技术非常适用于可见光通信。NOMA 与可见光通信技术的融合，不仅能满足未来无线通信海量用户和设备的接入需求，还能保证用户公平性[11]，以及提升系统能量效率[12]、用户和速率[13, 14]、误码率[15]等性能。

可见光通信属于无线通信，具有在空间中开放传播的物理特性，而这一特性导致可见光通信存在安全问题。如果窃听者（或窃听节点）与合法用户（或主节点）处于同一 LED 光照范围内或位于同一光蜂窝小区[16]内，信息便存在被窃取或被拦截的可能。物理层安全[17]，作为通信与安全共生的一种技术，已经成为解决无线通信链路安全的有效途径之一。其核心是从信息论的角度出发，利用无线信道固有的传播特性，如合法信道与窃听信道的差异性、随机性、互易性等，通过在物理层提高发射机与合法用户的互信息，同时减少发射机与窃

1

听用户的互信息，以提高合法链路的传输质量并降低窃听链路的传输质量，从而实现安全通信。

本书在介绍可见光通信的物理层安全基本理论的基础上，分析可见光通信的物理层安全研究现状；针对当前研究面临的挑战，重点研究基于 NOMA 的可见光通信物理层安全，覆盖了实际应用中可能面临的典型安全问题，如用户移动情况下 NOMA 可见光通信的安全、两用户的 NOMA 可见光通信中强用户的安全、可见光-射频异构网络协作 NOMA 的通信安全问题。

1.2 基于白光 LED 的可见光通信基本理论

随着固态照明技术的发展，白光 LED 光源得到了广泛应用。与白炽灯、荧光灯等其他光源相比，白光 LED 光源寿命长、价格低、能效高，是一种绿色能源[18]。

在基于白光 LED 的可见光通信系统中，发射端利用白光 LED 发送信息，主要存在通信和定位两类应用；接收端通常采用两类光电检测设备进行接收，如光电检测器（Photodetector，PD）和成像传感器（Image Sensor，IS）。这两种接收设备对信号的处理方式存在较大差异，基于白光 LED 的可见光技术目前主要有四大研究方向，如图 1-1 所示，分别是基于 PD 的可见光通信、基于 IS 的可见光通信、基于 PD 的可见光定位、基于 IS 的可见光定位。

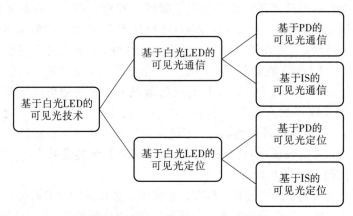

LED—发光二极管；PD—光电检测器；IS—成像传感器

图 1-1　基于白光 LED 的可见光技术主要研究方向

LED 可见光通信利用数据信息控制 LED 光源的发光强度变化，在 LED 照明的同时进行信息传输，其原理框图如图 1-2 所示。根据传输处理信号载体是电信号还是光信号，可以将传输系统分为电域和光域两部分。

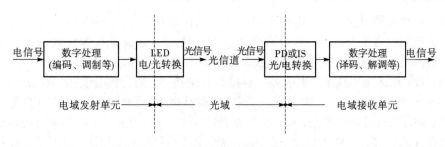

图1-2　LED可见光通信原理框图

光域的光无线信道中传输的是强度调制(Intensity Modulation，IM)、直接检测(Direct Detection，DD)光信号。为了特定的应用，光域发射前端通常还会使用光放大器、准直器、色散器等光学器件来会聚或展宽光束。在光域接收前端，光信号一般先经透镜、光滤波器等光学处理之后，再入射到光电检测设备上，由光强转换成电流。

电域发射单元将电信号经编码、调制等数字处理之后，加载到LED光源上，对其进行强度调制，从而将电信号转换成光强变化。

电域接收单元对经光电检测输出的电信号进行数字解调、译码，从而恢复出原始的有用电信号。

为了提高LED可见光通信系统的传输速率，国内外学者及科研工作人员开展了大量的工作，其中一部分研究工作在"电域"展开：

(1) 白光LED有限的调制带宽是制约传输速率的关键因素之一，为了提高白光LED的调制带宽，常采用的技术有预均衡技术[19]、后均衡技术[20]、滤波技术[21]、预加重技术[22]等。

(2) 为了在有限的带宽上实现更高的传输速率，设计采用先进的编码方案[23]，以及高级调制技术，如正交频分复用(Orthogonal Frequency Division Multiplexing，OFDM)调制[24]、离散多音(Discrete MultiTone，DMT)调制[25]、无载波幅度/相位(Carrierless Amplitude-Phase，CAP)调制[26]、色频联合调制(Joint Color-Frequency Modulation，JCFM)[27]等。

还有一部分研究工作在"光域"展开，如：

(1) 引入光多输入多输出(Multiple-Input-Multiple-Output，MIMO)技术。文献[28]提出的MIMO可见光通信系统中，发射端采用的是LED阵列，为了满足光照性能，一般要求400～1000 lx的光照度，因此VLC信道的信噪比(SNR)较高；而且LED阵列的各个LED调制带宽有限，因此多路并行的高SNR、窄带宽光无线传输信道，使得光MIMO技术非常适用于高数据速率传输。

对基于IS的LED可见光通信系统，还可利用IS的空间分离特性来实现多接收单元同时接收，以进一步提高接收机的性能。这类 MIMO 可见光通信系统研究热点主要包括：选择合适的成像镜头[29]，以提升成像接收机的空间分离性能；选择合适的分集合并技术[30]，以降低信号处理复杂度。

（2）引入复用技术。为了进一步提升数据速率，通过波分复用（Wavelength Division Multiplexing，WDM）利用三色红绿蓝（Red-Green-Blue，RGB）LED 光源的不同峰值波长传输数据，通过偏振复用[31]利用 LED 光源的不同偏振态携带信息进行通信等。哈佛大学的 H. Chun 等学者[32]利用三色 RGB LED 光源进行 WDM，采用 OFDM 调制方式以及 PD 接收设备，在实验室 1.5 m 传输距离内获得 10 Gb/s 的可见光通信数据传输速率。

基于 PD 的可见光通信一般适用于室内高速通信，应用于室外时容易因直射的太阳光使 PD 饱和而无法正常接收信号。因此，要想在室外，尤其是太阳光直射情况下使用 PD 做接收机，必须是在窄 LED 光束的定向链路中；有时在 PD 接收机前面加一个长焦镜头[33-34]，可以获得较窄的视场（Field of View，FoV）。

基于 IS 的可见光通信系统中，IS 不仅可以检测入射光的强度，还可以检测入射光的到达角。利用 IS 的空间分离特性，既能空间分离信号源与噪声源从而有效地滤除噪声与干扰，同时也能接收空间分离的来自不同位置发射的有用信号，如图 1-3 所示，利用成像传感器接收易于实现多路并行传输的 VLC，进而构成各种 MIMO 可见光通信系统。

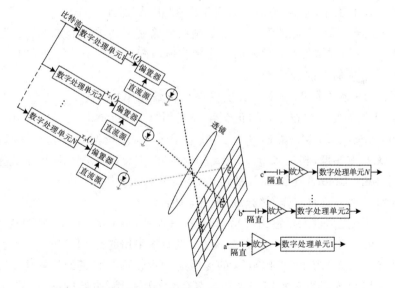

图 1-3　利用成像传感器实现多路并行可见光通信

本书重点关注基于 PD 的可见光通信。

1.3　物理层安全基本理论

物理层安全技术利用信道的随机性来实现通信过程的保密性和安全认证。保密性可以保证窃听者(Eavesdropper)无法获取到加密信息；安全认证则确保信息接收者可以确定信息传输源，使任何外部攻击者都无法冒充。物理层安全不对各层协议的实现方式做出描述，并且在物理层之上的其他层面也无须附加多余的安全保密方式。物理层安全研究的起源可追溯到 C. E. Shannon[35] 创建信息论安全分析之时，随后 A. D. Wyner[36] 利用窃听信道编码证明了保密通信可以达到的最大传输速率，并将其定义为安全容量。

Wyner 窃听信道模型如图 1-4 所示，该模型包含一个消息发送者 Alice、一个合法接收者 Bob 以及一个非法窃听者 Eve，主信道和窃听信道都看作加性高斯白噪声(Additive White Gaussian Noise，AWGN)信道。Eve 试图从合法信道中窃听并将消息解码获取到有用信息。Eve 获取信息 W 的多少用疑义度衡量，它表示通信过程的安全性。也就是说，疑义度可以表示窃听者截获部分合法信息后对于消息 W 仍存在的不确定性。因此，假如系统可实现较高安全保密性，只需保证信道疑义度最大即可。疑义速率 $R_{\mathrm{e}}^{(n)}$ 可以表示为

$$R_{\mathrm{e}}^{(n)} = \frac{1}{n} H(W \mid Z^n) \tag{1-1}$$

其中，n 为传输的字符个数，$H(\cdot)$ 表示熵函数，Z^n 表示编码信号 X^n 通过窃听信道后 Eve 的接收信号。类似地，Y^n 表示编码信号 X^n 通过主信道(即合法信道)后 Bob 的接收信号。A. D. Wyner 证明了窃听信道相较于合法信道来说只要是其"退化版本"，就总能通过某种信道编码来实现绝对的安全通信，也就是"完美保密性"，即满足表达式：

$$I(Z^n; W) = H(W) - H(W \mid Z^n) = 0 \tag{1-2}$$

其中，$I(\cdot;\cdot)$ 表示互信息量。

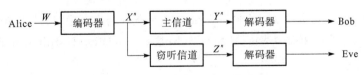

图 1-4　Wyner 窃听信道模型

在物理层安全研究中，根据不同的信道状态和应用场景，需要用到不同的指标来衡量系统的安全性能。接下来，本节采用数学表达式对安全容量、非零安全容量概率、安全中断概率、有效安全吞吐量等物理层安全指标进行理论描述。

1. 安全容量

假如存在某种编码方式，可以使窃听者无法对合法消息进行完全解码，则称此时的信息速率为可达保密速率。同理，当可达保密速率达到最大时，将其定义为系统的安全容量[37]（Secrecy Capacity）。表达式如下：

$$C_S = \max I(X;Y|Z)$$
$$= \max [I(X;Y) - I(X;Z)]$$
$$= [C_B - C_E]^+ \quad\quad (1-3)$$

其中，$[x]^+ \stackrel{\text{def}}{=\!=\!=} \max\{x,0\}$，$C_B$ 和 C_E 分别对应合法信道和窃听信道的信道容量，可表示为

$$C_B = \frac{1}{2}\mathrm{lb}(1+\gamma_B) \quad\quad (1-4)$$

$$C_E = \frac{1}{2}\mathrm{lb}(1+\gamma_E) \quad\quad (1-5)$$

式中，γ_B 和 γ_E 分别表示合法用户 Bob 和窃听者 Eve 的瞬时 SNR。从式（1-3）可以观察到，想要使得安全容量非负，就必须保证 Bob 的信道容量大于 Eve 的信道容量。

2. 非零安全容量概率

在给定安全容量的定义式之后，文献[38]中给出了非零安全容量概率（Probability of Non-zero Secrecy Capacity）的数学表达式，它描述了系统满足安全通信时发生的概率，也就是当系统瞬时安全容量 $C_S > 0$ 大于零时的概率：

$$P_{NSC} = \Pr\{C_S > 0\}$$
$$= \Pr\left\{\frac{1}{2}\mathrm{lb}(1+\gamma_B) - \frac{1}{2}\mathrm{lb}(1+\gamma_E) > 0\right\}$$
$$= \Pr\{\gamma_B > \gamma_E\}$$
$$= 1 - \int_0^\infty F_{\gamma_B}(\gamma_E) f_{\gamma_E}(\gamma_E) \mathrm{d}\gamma_E \quad\quad (1-6)$$

其中，$\Pr\{\cdot\}$ 表示事件的发生概率，$f(x)$ 表示概率密度函数（Probability Density Function，PDF），$F(x)$ 表示累积分布函数（Cumulative Distribution Function，CDF）。

3. 安全中断概率

当可见光信号遭到严重衰减或信道状态信息不完美时，可能会出现消息安全传输中断的情况，因此安全中断概率（Secrecy Outage Probability，SOP）对衡量系统的安全性能有着十分重要的指导作用。文献[39]给出了安全中断概率的定

义：当通信系统的安全容量 C_S 小于预先设定的理论安全速率 R_{th} 时，其数学表达式为

$$P_{SO} = \Pr\{C_S < R_{th}\}$$
$$= \Pr\left\{\frac{1}{2}\,\mathrm{lb}(1+\gamma_B) - \frac{1}{2}\,\mathrm{lb}(1+\gamma_E) < R_{th}\right\}$$
$$= \int_0^{\infty} F_{\gamma_B}(2^{R_{th}}\gamma_E + 2^{R_{th}} - 1)\,f_{\gamma_E}(\gamma_E)\,\mathrm{d}\gamma_E \tag{1-7}$$

4. 有效安全吞吐量

为了确保信息安全地从发射机以特定的理论传输速率 R_{th} 到达接收端一侧，需要指定一个物理层安全指标来评估系统的平均安全传输速率——有效安全吞吐量[40]（Effective Secrecy Throughput，EST）。该安全性能指标可以衡量系统既有效又安全的传输情况。在数学表示上，理论安全传输速率 R_{th} 和信息安全传输概率（安全中断概率的互补概率）的乘积被定义为有效安全吞吐量，具体表达式为

$$\mathrm{EST} = R_{th} \times [1 - P_{SO}(R_{th})] \tag{1-8}$$

其中，R_{th} 表示理论安全速率，$P_{SO}(R_{th})$ 表示系统安全中断概率。

1.4 可见光通信的物理层安全研究现状

通信系统的安全理论框架是 C. E. Shannon 于 1949 年首次提出的，其奠定了无线通信物理层安全的理论基础。之后，A. D. Wyner 于 1975 年提出了窃听信道模型，假定窃听信道为主信道的退化形式，证明了存在一种编码方案，无须共享密钥，即可使合法收发用户之间能够以任意小的错误概率进行信息传输，且窃听者获取不到任何信息；他还从信息论角度定义了物理层安全的性能评价指标，即安全容量。受 A. D. Wyner 的工作启发，研究人员针对物理层安全问题展开了大量研究。

当合法用户与窃听节点处于同一 LED 光照区域范围内时，为了能够最大限度地窃听或获取信息，往往不止设置一个窃听节点，而是设置多个窃听节点。根据窃听节点数目的多少，主要分为单窃听时单合法用户可见光通信的物理层安全和多窃听时单合法用户可见光通信的物理层安全两类。

（1）单窃听时单合法用户可见光通信的物理层安全。L. Lampe 等人[41]首次将物理层安全问题引入可见光通信信道，通过 LED 发射端的波束成形设计，获得了高斯窃听信道安全容量的上下界。延续该工作，他们在文献[42]中分析了已知合法信道和窃听信道的信道状态信息（Channel State Information，CSI）情况下的安全速率最大化问题，以及 CSI 不理想情况下的最差安全速率最大化

问题。其中，合法信道的 CSI 不理想是因为单个合法用户有限的信息反馈且存在量化误差，而窃听信道的 CSI 不理想则是由于 LED 发射机根本接收不到窃听节点的信息反馈甚至根本不知道窃听节点的存在，只能通过窃听节点所处的粗略位置以及 PD 接收机的方向来估计窃听信道的 CSI。文献[43]将通过信道估计获得的 CSI 与混沌序列相结合，基于病态理论，提出了信道确定子载波键控方案，并结合预均衡，将可见光通信的物理层安全问题用病态方程组来表示，获得了单个合法用户以及窃听节点的解析解，从而在不牺牲误码率的前提下提升了可见光通信系统的安全容量。

（2）多窃听时单合法用户可见光通信的物理层安全。文献[44]从服务质量（Quality of Service，QoS)角度出发来优化安全传输策略，提出了一种联合发射波束成形与人工干扰编码的优化方案，实现了在多个窃听节点的信噪比约束下，使单个合法用户的信噪比达到最大。文献[45]考虑的是多个窃听节点透过房间的窗户来窃听 LED 光源发给单个合法用户的有用信息，分析了因窗户几何变化引起的窃听信道 CSI 不理想情况下的发送功率最小化问题及安全速率最大化问题。文献[46-47]中，作者考虑了室内多个窃听节点的位置随机性，通过随机几何方法得到了单合法用户可见光通信系统的安全中断性能。文献[48]中考虑多个随机分布的窃听节点之间进行共谋，通过最大比合并方式合并所窃听的有用信息，利用特征函数的 Gil-Pelaez 逆获得窃听节点合并信噪比的累加分布，进而得出了单合法用户可见光通信系统的安全中断概率。尽管文献[49]的标题是研究多用户可见光通信系统的物理层安全问题，但是，在其所谓的多个用户中，只假设房间中心位置处的一个用户为合法用户，而其他用户均为窃听者，亦未采用 NOMA 传输方案，而是通过将多个 LED 发射机和多个用户的空间分布分别建模为两个统计独立的齐次泊松点过程，基于随机几何分析获得了房间中心位置处单个合法用户的安全中断性能。

近年来，虽然关于可见光通信的物理层安全研究已经取得了一些成果，但是仍面临着一些如前言所述的挑战。本书围绕这些挑战，展开基于 NOMA 的多用户可见光通信物理层安全研究。

1.5 章 节 安 排

本书面向多用户可见光通信的应用需求及安全需求，研究基于 NOMA 的多用户可见光通信物理层安全。首先，通过研究单个窃听节点与多窃听节点情况下基于 NOMA 的多用户可见光通信的物理层安全，获得不同情况下 NOMA 合法用户的安全性能界。然后，在分析单个用户随机移动情况下可见光通信的物理层安全基础上，研究用户移动情况下基于 NOMA 的多用户可见光通信物理层安全，以提高移动场景下多用户可见光通信的安全性能。接着，针对两用户的 NOMA 可见光通信，研究强用户的物理层安全问题，通过提升强用户的安全来确保弱用户信息的安全传输。最后，研究智能反射面辅助的协作 NOMA 异构网络的物理层安全，设计智能反射面辅助的异构网络中合法用户工作在协作 NOMA 模式下的安全传输方案，以增强基于 NOMA 的多用户协作可见光通信的安全性能。

本书为面向 6G 的可见光通信安全研究提供了理论依据，为拓展 NOMA 物理层安全的应用领域提供了新思路，能够促进可见光通信物理层安全技术在银行、机场等人员密集场所中的应用，同时也推动其在溶洞旅游、泛在无线接入服务等领域的实用化进程。

本书的章节安排如下：

第 1 章　绪　论

第 2 章　基于 NOMA 的可见光通信的物理层安全

第 3 章　用户移动情况下基于 NOMA 的可见光通信的物理层安全

第 4 章　两用户 NOMA 可见光通信中强用户的物理层安全

第 5 章　智能反射面辅助的可见光通信-射频异构协作 NOMA 网络的物理层安全

第 6 章　总结与展望

参 考 文 献

[1] GHASSEMLOOY Z, ALVES L N, ZVANOVEC S, et al. Visible Light Communications: Theory and Applications. Boca Raton: CRC Press, 2017.

[2] 迟楠. 高速可见光通信关键技术. 北京：人民邮电出版社，2019.

[3] ABUMARSHOUD H, MOHJAZI L, DOBRE O A, et al. LiFi through Reconfigurable Intelligent Surfaces: A New Frontier for 6G?. IEEE Vehicular Technology Magazine, 2022, 17(1): 37 – 46.

[4] IEEE Standard for Local and Metropolitan Area Networks-Part 15.7: Short-Range Wireless Optical Communication Using Visible Light, IEEE Computer Society, IEEE Standard 802.15.7 – 2011, 2011. [Online]. http://www.ieee802.org/15/pub/TG7.html.

[5] YANG C, WANG Y, WANG Y, et al. Demonstration of High-Speed Multi-User Multi-Carrier CDMA Visible Light Communication. Optics

Communications，2015，336：269-272.

[6] SUNG J Y，YEH C H，CHOW C W，et al. Orthogonal Frequency-Division Multiplexing Access (OFDMA) Based Wireless Visible Light Communication (VLC) system. Optics Communications，2015，355：261-268.

[7] CHEN Z，BASNAYAKA D，HAAS H. Space Division Multiple Access for Optical Attocell Network Using Angle Diversity Transmitters. Journal of Lightwave Technology，2017，35(11)：2118-2131.

[8] LIU Y，QIN Z，ELKASHLAN M，et al. Non-Orthogonal Multiple Access for 5G and Beyond. Proceedings of the IEEE，2017，105(12)：2347-2381.

[9] DING Z，LEI X，KARAGIANNIDIS G K，et al. A Survey on Non-Orthogonal Multiple Access for 5G Networks：Research Challenges and Future Trends. IEEE Journal on Selected Areas in Communications，2017，35(10)：2181-2195.

[10] ZHANG L，et al. Large-Coverage White-Light Controller Combining Adaptive QoS-Enhanced MQAM-NOMA for High-Speed Visible Light Communication. Journal of Lightwave Technology，2022，40(2)：415-422.

[11] YANG Z，XU W，LI Y. Fair Non-Orthogonal Multiple Access for Visible Light Communication Downlinks. IEEE Wireless Communications Letters，2017，6(1)：66-69.

[12] MARSHOUD H，KAPINAS V M，KARAGIANNIDIS G K，et al. Non-Orthogonal Multiple Access for Visible Light Communications. IEEE Photonics Technology Letters，2016，28(1)：51-54.

[13] YIN L，POPOOLA W O，WU X，et al. Performance Evaluation of Non-Orthogonal Multiple Access in Visible Light Communication. IEEE Transactions on Communications，2016，64(12)：5162-5175.

[14] 贾科军，郝莉，白利军，等. 基于非正交多址接入的室内可见光通信系统[J]. 光学学报，2017，37(8)：70-80.

[15] MARSHOUD H，SOFOTASIOS P C，MUHAIDAT S，et al. On the Performance of Visible Light Communication Systems with Non-Orthogonal Multiple Access. IEEE Transactions on Wireless Communications，2017，16(10)：6350-6364.

[16] HAAS H，YIN L，WANG Y，et al. What is LiFi? . Journal of Lightwave Technology，2016，34(6)：1533-1544.

[17] BURG A，CHATTOPADHYAY A，LAM K Y. Wireless Communication

and Security Issues for Cyber-Physical Systems and the Internet-of-Things. Proceedings of the IEEE, 2018, 106(1): 38 – 60.

[18] DIMITROV S, HAAS H. Principles of LED Light Communications Towards Networked Li-Fi. New York: Cambridge University Press, 2015.

[19] CHEN C, et al. Digital Pre-Equalization for OFDM-Based VLC Systems: Centralized or Distributed?. IEEE Photonics Technology Letters, 2021, 33(19): 1081 – 1084.

[20] WANG L, WANG X, KANG J, et al. A 75 – Mb/s RGB PAM – 4 Visible Light Communication Transceiver System With Pre-and Post-Equalization. Journal of Lightwave Technology, 2021, 9(5): 1381 – 1390.

[21] GE P, LING X, WANG J, et al. Optical Filter Bank Modeling and Design for Multi-Color Visible Light Communications. IEEE Photonics Journal, 2021, 13(1): 1 – 19.

[22] GAO Y, YU J, XIAO J, et al. Direct-Detection Optical OFDM Transmission System With Pre-Emphasis Technique. Journal of Lightwave Technology, 2011, 29(14): 2138 – 2145.

[23] WANG M, et al. Efficient coding modulation and seamless rate adaptation for visible light communications. IEEE Wireless Communications, 2015, 22(2): 86 – 93.

[24] BAI R, HRANILOVIC S, WANG Z. Low-Complexity Layered ACO-OFDM for Power-Efficient Visible Light Communications. IEEE Transactions on Green Communications and Networking. doi: 10.1109/TGCN.2022.3147970

[25] ZHANG T, ZOU Y, SUN J, et al. Design of PAM-DMT-Based Hybrid Optical OFDM for Visible Light Communications. IEEE Wireless Communications Letters, 2019, 8(1): 265 – 268.

[26] CHVOJKA P, et al. Expanded Multiband Super-Nyquist CAP Modulation for Highly Bandlimited Organic Visible Light Communications. IEEE Systems Journal, 2020, 14(2): 2544 – 2550.

[27] GAO Q, WANG R, XU Z, et al. DC-Informative Joint Color-Frequency Modulation for Visible Light Communications. Journal of Lightwave Technology, 2015, 33(11): 2181 – 2188.

[28] ZENG L, O'BRIEN D C, MINH H L, et al. High data rate multiple input multiple output (MIMO) optical wireless communications using white LED lighting. IEEE J. Sel. Areas Commun., 2009, 27(9): 1654 – 1662.

11

[29] CHEN T, LIU L, TU B, et al. High-Spatial-Diversity Imaging Receiver Using Fisheye Lens for Indoor MIMO VLCs. IEEE Photonics Technology Letters, 2014, 26(22): 2260 – 2263.

[30] AZHAR A H, TRAN T O'BRIEN D. A Gigabit/s Indoor Wireless Transmission Using MIMO-OFDM Visible-Light Communications. IEEE Photonics Technology Letters, 2013, 25(2): 71 – 174.

[31] ATTA M A, BERMAK A. A Polarization-Based Interference-Tolerant VLC Link for Low Data Rate Applications. IEEE Photonics Journal, 2018, 10 (2): 1 – 11.

[32] CHUN H, et al. LED Based Wavelength Division Multiplexed 10 Gb/s Visible Light Communications. Journal of Lightwave Technology, 2016, 34 (13): 3047 – 3052.

[33] OKADA S, YENDO T, YAMAZATO T, et al. On-vehicle receiver for distant visible light road-to-vehicle communication. In 2009 IEEE Intelligent Vehicles Symposium, Xi'an, China, 2009: 1033 – 1038.

[34] YAMAZATO T, TAKAI I, OKADA H, et al. Image-sensor-based visible light communication for automotive applications. IEEE Communications Magazine, 2014, 52(7): 88 – 97.

[35] SHANNON C E. Communication Theory of Secrecy Systems. Bell System Technical Journal, 1949, 28: 656 – 715.

[36] WYNER A D. The Wire-Tap Channel. Bell System Technical Journal, 1975, 54: 1355 – 1387.

[37] BLOCH M, BARROS J, RODRIGUES M R D, et al. Wireless information-theoretic security. IEEE Transactions on Information Theory, 2008, 54(6): 2515 – 2534.

[38] HU J, CAI Y, YANG N, et al. A New Secure Transmission Scheme With Outdated Antenna Selection. IEEE Transactions on Information Forensics and Security, 2015, 10(11): 2435 – 2446.

[39] ZHAO X, CHEN H B SUN J Y. On physical-layer security in multiuser visible light communication systems with non-orthogonal multiple access. IEEE Access, 2018, 6: 34004 – 34017.

[40] SUN X, YANG W, CAI Y. Secure Communication in NOMA-Assisted Millimeter-Wave SWIPT UAV Networks. IEEE Internet of Things Journal, 2020, 7(3): 884 – 1897.

［41］ MOSTAFA A, LAMPE L. Physical-Layer Security for MISO Visible Light Communication Channels. IEEE Journal on Selected Areas in Communications, 2015, 33(9): 1806 - 1818.

［42］ MOSTAFA A, LAMPE L. Optimal and Robust Beamforming for Secure Transmission in MISO Visible-Light Communication Links. IEEE Transactions Signal Processing, 2016, 64(24): 6501 - 6516.

［43］ LU H, ZHANG L, CHEN W, et al. Design and Analysis of Physical Layer Security Based on Ill-Posed Theory for Optical OFDM-based VLC System over Real-Valued Visible Light Channel. IEEE Photonics Journal, 2016, 8 (6): 1 - 19.

［44］ SHEN H, DENG Y, XU W, et al. Secrecy-Oriented Transmitter Optimization for Visible Light Communication Systems. IEEE Photonics Journal, 2016, 8(5): 1 - 14.

［45］ MA S, DONG Z, LI H, et al. Optimal and Robust Secure Beamformer for Indoor MISO Visible Light Communication. Journal of Lightwave Technology, 2016, 34(21): 4988 - 4998.

［46］ PAN G, YE J, DING Z. On Secure VLC Systems with Spatially Random Terminals. IEEE Communications Letters, 2017, 21(3): 492 - 495.

［47］ CHO S, CHEN G, COON J P. Securing Visible Light Communication Systems by Beamforming in the Presence of Randomly Distributed Eavesdroppers. IEEE Transactions on Wireless Communications, 2018, 17 (5): 2918 - 2931.

［48］ CHO S, CHEN G, COON J P. Physical Layer Security in Visible Light Communication Systems with Randomly Located Colluding Eavesdroppers. IEEE Wireless Communication Letters, 2018, 99:1 - 1. DOI: 10. 1109/LWC. 2018. 2820709

［49］ YIN L, HAAS H. Physical-Layer Security in Multiuser Visible Light Communication Networks. IEEE Journal on Selected Areas in Communications, 2018, 36(1): 162 - 174.

第2章 基于 NOMA 的可见光通信的物理层安全

2.1 引 言

随着物联网的普及和云计算的发展，人们对具有多样化数据速率、低延迟、大规模互联的无线通信系统提出了前所未有的要求。现有的基于射频的无线通信系统在处理这些多样化、高精度、大带宽需求的应用和服务时面临巨大挑战。基于 LED 的可见光通信[1-3]凭借其独特的性质，如频谱无须授权、抗电磁干扰、成本低、相邻光小区频谱可空间复用等，被视为 RF 无线通信的一种非常有前途的替代和补充。

由于其固有的广播特性，VLC 非常适合支持大规模互联，允许多个用户访问相同的无线资源。传统的 OMA 方案中已经引入 VLC，如码分多址[4]、正交频分多址[5]和空间分多址[6]。在这些 OMA 方案中，为了减轻用户间的干扰，可将正交的无线资源分配给多个用户，但由于无线资源有限，因此 OMA 方案并不足以支持大规模互联。

NOMA 是一种很有前途的技术，主要工作在功率域，最近被提出用于提高未来 5G 无线通信系统的频谱效率[7-10]。NOMA 技术通过发射端的叠加编码和接收端的串行干扰消除，允许多个用户共享同一时隙或频带。此外，NOMA 在遍历和速率[11]、公平性[12]、中断性能[13]和能量效率[14]等方面也比 OMA 具有更好的性能。

鉴于上述优点，NOMA 被应用于 VLC 系统中。文献[15]提出了一种增益比功率分配方案，用于提升 NOMA – VLC 系统的吞吐量，通过调整 LED 发射机的半功率半角和 PD 接收机的 FoV，可以进一步提高系统的速率之和。在文献[16]中，提出了衡量 NOMA – VLC 系统性能的理论框架，并证明了系统的性能主要与 LED 的半功率半角有关。为了实现用户公平并满足光强度约束，文献[17]采用对数效用函数使速率之和最大化。文献[18]将 NOMA 应用于不确定信道的 VLC 系统，先后得到了理想 CSI、有噪 CSI、过时 CSI 情况下的误码率性能。由于光照需求，VLC 系统的接收端往往具有较高的信噪比，利用该特性，目前大多数关于 NOMA - VLC 的研究主要集中在室内短距离通信方面。

与 RF 无线通信系统一样，VLC 系统因其固有的广播特性而面临着安全威胁。当窃听者或未经授权的用户与合法用户位于同一 LED 光照区域时，VLC 信道不可避免地受到窃听。VLC 系统面临安全威胁的典型场景包括购物中心、会议室、图书馆和飞机场等公共区域。

物理层安全[19-20]被认为是确保无线信道安全传输的一种有效方法，也是对传统加密技术的补充。现有的 VLC 系统物理层安全研究主要集中在一个合法用户遭受窃听的安全威胁方面。根据窃听者的数量，可以将现有的关于 VLC 物理层安全的研究分为两类：

（1）存在单个窃听者时合法用户的物理层安全。文献[21]首次提出 VLC 系统的物理层安全研究，针对多输入单输出（Multiple-Input-Single-Output，MISO）VLC 系统，在存在单个窃听者的情况下，通过发射波束成形技术，获得了单个合法用户的可达安全速率的闭式表达式。文献[22]提出使用稳健波束成形技术可解决合法用户和窃听者在 CSI 不完美情况下的最差安全速率最大化问题。在文献[23]中，基于病态理论，利用 VLC 信道的实值 CSI 和混沌序列，提出了一种结合预均衡的混沌信道确定子载波位移方案，并将 VLC 系统的物理层安全问题建模为病态方程，从而在不影响误码率的情况下提高了合法用户的安全性能。文献[24]研究了基于光能采集的混合 VLC - RF 系统的安全中断性能，并假设单个合法接收机具有有限的能量存储。

（2）存在多个窃听者时合法用户的物理层安全。文献[25]提出了一种人工噪声辅助波束成形方案，可从 QoS 角度来优化 MISO - VLC 系统的安全传输方案。文献[26]针对多个窃听者在房间外通过窗口窃听室内单个合法用户的信息这样一个场景，在窃听者的 CSI 因窗口的几何结构的变化而不完美时，分别设计稳健的安全波束成形，使总传输功率最小或安全速率最大。通过考虑合法用户和窃听者位置的随机性，文献[27]利用随机几何方法推导出标准作业程序（Standard Operation Procedure，SOP）和平均安全容量。尽管文献[28]的标题是多用户 VLC 网络中的物理层安全，但只有房间中心的用户设为合法用户，而其他所有用户均假设为窃听者，因此 NOMA 传输方案未被采用。利用随机几何，通过将多个 LED 发射机和多个用户的位置视作二维独立的齐次泊松点过程，可分析单个合法用户的 SOP。

到目前为止，对于基于 NOMA 的 VLC 系统中多个合法用户的物理层安全的研究还很少。尽管文献[29 - 30]研究了 VLC 系统中多个合法用户的安全，但仍未涉及 NOMA 传输方案。

另一方面，在 RF 无线通信系统中，基于 NOMA 的多个合法用户的物理层安全已经得到了广泛研究。对于存在单个窃听者的多 NOMA 合法用户，通过安全速率之和[31-32]、SOP[33-34]、安全速率[35-36]来衡量其安全性能。对于存在多个窃听者的多 NOMA 合法用户，利用空间分布特性，采用随机几何工具，可通过 SOP 和安全分集阶数[37]、覆盖概率和有效安全吞吐量[38]来评估系统的安全性能。这些工作中使用的物理层安全技术包括预编码[32]、发射天线选择[33]、波束成形[35-36]和 MIMO[37-38]。然而，由于 LED 发射信号和光无线信道的传输特性有特殊要求，RF 无线通信系统中使用的这些方法不能直接应用于VLC 系统。

综上所述，为了提高 VLC 系统在多用户场景下的安全性能，促进光无线通信技术在物联网中的安全应用，开展基于 NOMA 的多用户 VLC 系统的物理层安全研究势在必行。

本章研究了基于 NOMA 的多用户 VLC 系统的物理层安全性能。当窃听者与 NOMA 合法用户处于同一 LED 照明区域时，为了最大限度地窃听或截获信息，在实际应用中往往会部署多个窃听者。我们分别考虑了单个已知的窃听者场景和多窃听者场景，并对这两种场景使用 SOP 衡量其安全性能。假设NOMA 合法用户和窃听者都使用 PD 接收机接收信息，本章的贡献如下：

（1）通过分析多个 NOMA - VLC 合法用户在一个已知位置的窃听者窃听情况下的安全性能，获得了一个安全性能基准，用以指导选择和优化 NOMA合法用户的 LED 发射机和 PD 接收机参数。

（2）在多个窃听者随机分布的情况下，利用随机几何工具，研究了基于NOMA 的多用户 VLC 系统的安全中断性能，旨在指导 NOMA 合法用户远离窃听密度高的区域。

（3）基于室内 LED 发射机和 PD 接收机的典型参数，通过 MATLAB 进行了仿真实验。仿真结果表明，两种情况下的 SOP 性能都随 LED 发射功率和发射信噪比的增加而提高。具体来说，在单个窃听者的情况下，扩大合法用户组用户之间的信道差异或使窃听者偏离给定的合法用户组，可以有效提高 SOP性能；在多个窃听者的位置服从齐次泊松分布的情况下，对于给定的窃听密度，减小 LED 的半功率半角可以获得更好的 SOP 性能。

本章以下部分的组织结构如下：2.2 节研究了单窃听情况下基于 NOMA的多用户 VLC 系统的安全，在已知 NOMA 合法信道的瞬时 CSI 和单窃听信道的统计 CSI 情况下，推导了 SOP，描述了多用户 VLC 系统模型和 VLC 信道特性；2.3 节研究了多窃听者场景，并利用随机几何工具获得了基于 NOMA的合法用户的信干噪比（Signal-to-Interference-and-Noise Ratio，SINR）或SNR 的统计特征，最终获得了系统的 SOP；2.4 节进行了实验仿真并对结果进行了分析；2.5 节对本章作了小结。

本章所使用的符号意义如下：

$E\{\cdot\}$ 表示期望值。

$\mathrm{var}\{\cdot\}$ 表示方差。

$|\cdot|$ 表示模值。

函数：

$\mathrm{rect}(\cdot)$ 表示矩形函数。

$\Gamma(\cdot)$ 表示 Gamma 函数：

$$\Gamma(\alpha) = \int_0^{+\infty} x^{\alpha-1} \, \mathrm{e}^{-x} \, \mathrm{d}x$$

$\Phi(\cdot)$ 表示概率积分函数，$\mathrm{erf}(\cdot)$ 表示误差函数：

$$\Phi(x) = \mathrm{erf}(x) = \frac{2}{\sqrt{\pi}} \int_0^x \mathrm{e}^{-t^2} \, \mathrm{d}t$$

$\mathrm{B}(x, y)$ 表示 Beta 函数：

$$\mathrm{B}(x, y) = \int_0^1 t^{x-1} (1-t)^{y-1} \, \mathrm{d}t$$

$\gamma(\alpha, x)$ 表示不完全 Gamma 函数：

$$\gamma(\alpha, x) = \int_0^x \mathrm{e}^{-t} t^{\alpha-1} \, \mathrm{d}t$$

2.2　单个窃听节点情况下基于 NOMA 的可见光通信的物理层安全

2.2.1　系统模型

单窃听场景下的 NOMA - VLC 系统模型包括一个 LED 发射机、K 个合法用户、1 个窃听者。窃听者在 LED 照明区域试图窃听或拦截 LED 与合法用户之间的信息，如图 2 - 1 所示。假设 LED 发射机垂直向下，PD 接收机垂直向上。LED 在地板上的照明区域设为一个半径为 D 的圆，并设 LED 的投影位于圆心。NOMA - VLC 合法用户 k（$\forall k \in \{1, 2, \cdots, K\}$）的极坐标为 (r_k, θ_k)，其中 r_k 是用户 k 与圆心之间的距离，θ_k 是用户 k 偏离极轴的角度。同样地，窃听者的极坐标为 (r_e, θ_e)。

根据 NOMA 原理，LED 发射机采用叠加编码，对不同用户的信号在电域的功率域进行叠加。为了确保光域的瞬时光强度为正，必须向 LED 发射机加直流偏置以实现电光转换。LED 发射机的发送信号为

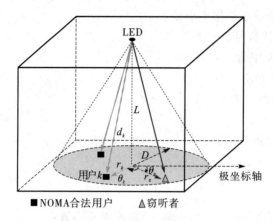

图 2 - 1　单窃听场景下的 NOMA - VLC 系统模型

$$x = \sum_{i=1}^{K} a_i \sqrt{P_E} s_i + I_{DC} \qquad (2-1)$$

其中，I_{DC} 表示直流偏置电流；P_E 是电域内所有信号的总功率；a_i 表示第 i 个合法用户的功率分配系数；s_i 是用于第 i 合法用户的信息信号，假定其均值为零。

　　LED 发送的信号通过光无线信道之后，在合法用户的 PD 接收机上进行光电转换将光强度信号转换成电流信号，并且在电域中消除直流偏置。通常情况下，假设在电域引入噪声。因此，将电域用户 k 接收的信号表示为

$$y_k = h_k \sum_{i=1}^{K} a_i \sqrt{P_E} s_i + n_k \qquad (2-2)$$

其中，n_k 是一个均值为零、方差为 σ^2 的加性高斯白噪声，h_k 表示 NOMA 合法用户 k 的光无线信道增益。不失一般性，假设 LED 发射机和 PD 接收机之间的所有光无线信道功率增益满足 $0 < |h_1|^2 \leqslant \cdots \leqslant |h_k|^2 \leqslant \cdots \leqslant |h_K|^2$。

　　根据 NOMA 原理，每个合法用户（除第 1 个用户外）都将利用串行干扰消除 (Successive Interference Cancellation, SIC) 来恢复其信号。因此，当 $i < k$ 时，用户 k 能够恢复用户 i 的信号，并将其从自身的信号中移除；而当 $i > k$ 时，用户 k 将用户 i 的信号视为干扰。因此，执行 SIC 后用户 k 的 SINR 可以表示为

$$Q_k = \frac{|h_k|^2 |a_k|^2 P_E}{\sum_{i=k+1}^{K} |h_k|^2 |a_i|^2 P_E + \sigma^2} = \frac{\gamma_k |a_k|^2}{1 + \sum_{i=k+1}^{K} \gamma_k |a_i|^2} \qquad (2-3)$$

其中 $\gamma_k = |h_k|^2 \rho$ 和 $\rho = P_E / \sigma^2$，ρ 为 LED 发射机到 NOMA 合法用户的发射信噪比。

　　一般来说，在 PD 接收机上使用 SIC 将导致系统更难实现，而系统实现的复杂程度通常与用户数量成正比。因此，实际应用中，每个下行链路的 NOMA

无线信道通常被限制分配给两个用户，这有利于减少 SIC 的错误传播。需要注意的是，下行链路的两用户 NOMA 特例已被纳入 3GPP[39]。本章中，我们同样关注两用户情况，假设用户 u 和用户 v 是在同一光照区域的 NOMA 合法用户，$0<|h_u|^2 \leqslant |h_v|^2$，其中，$h_v$ 是用户 v 的信道增益，h_u 是用户 u 的信道增益。根据 NOMA 的原理，LED 将较多的功率分配给用户 u，而将较少的功率分配给用户 v。同时功率分配系数满足 $a_u>a_v$ 且 $a_u^2+a_v^2=1$。用这种方法，用户 v 能够使用 SIC 技术来解码用户 u 的信号，并将其从自身的信号中移除；而用户 u 不执行 SIC。因此，NOMA 合法用户 v 接收到的 SNR 是 $Q_v=\gamma_v|a_v|^2$，其中 $\gamma_v=|h_v|^2\rho$；而 NOMA 合法用户 u 接收到的 SNR 是 $Q_u=\gamma_u|a_u|^2/(\gamma_u|a_v|^2+1)$，其中 $\gamma_u=|h_u|^2\rho$。

用户 v 和用户 u 的可达速率分别表示为

$$R_v=\frac{1}{2}\mathrm{lb}(1+Q_v) \tag{2-4}$$

$$R_u=\frac{1}{2}\mathrm{lb}(1+Q_u) \tag{2-5}$$

注意　由于窃听者通常是静默或隐藏的，且不会主动将瞬时 CSI 反馈给 LED 发射机或合法用户，合法用户将难免察觉不到窃听者的任何信息。从合法用户的角度来看，通常采用最坏情况的假设，即假设被动窃听者知道解码顺序和功率分配系数。而且，在这种最坏情况假设下所得出的结论可以作为一个安全性能基准。还应指出的是，这种假设在基于 NOMA 的 RF 无线通信系统的物理层安全研究中已被广泛采用[29-33, 52]。因此，单个窃听者的可达速率可以写为

$$R_e=\frac{1}{2}\mathrm{lb}(1+Q_e)=\frac{1}{2}\mathrm{lb}(1+\gamma_e|a_v|^2) \tag{2-6}$$

其中，Q_e 为窃听者获得的最大信噪比，$Q_e=\gamma_e|a_v|^2$，$\gamma_e=|h_e|^2\rho_e$ 和 $\rho_e=P_E/\sigma_e^2$，ρ_e 表示 LED 发射机到窃听者的发射信噪比。

2.2.2　可见光通信信道特性

在光无线强度调制/直接检测（Intensity Modulation Direct Detection，IM/DD）信道中，LED 辐射的光强携带有用信息。通常假设来自 LED 的光信号在 PD 接收机前端的聚光器和滤波器进行聚集和滤波。尽管到达 PD 接收机的信号不仅包括视线（Line of Sight，LoS）分量，还包括漫射分量。然而文献[40]已经证明，即使是最强的漫射分量也比最弱的 LoS 分量至少低 7dB。因此，本节假设只有 LoS 分量存在，而漫射分量忽略不计。用户 k（$k\in\{u,v\}$）的 IM/DD 信道 DC 增益[1]可以描述为

$$h_k = \frac{S\eta(m+1)\cos^m(\varphi_k)\cos(\varphi_k)\mathrm{rect}(\varphi_k/\varphi_{1/2})\,g_{oc}(\varphi_k)g_{of}(\varphi_k)}{2\pi d_k^2} \qquad (2-7)$$

其中 LED 工作在广义朗伯辐射模式，ϕ 为相对于 LED 发射机平面法线的辐射角，φ 为相对于 PD 接收机平面法线的入射角，如图 2-2 所示；d 为 LED 发射机与 PD 接收机之间的传输距离；m 为朗伯辐射阶数，$m=-\ln2/\ln(\cos\phi_{1/2})$，其中 $\phi_{1/2}$ 表示 LED 半功率半角，例如，若 $\phi_{1/2}=60°$ 则 $m=1$；$\mathrm{rect}(\cdot)$ 表示一个矩形函数；$\varphi_{1/2}$ 为 PD 接收机的视场角(Field of View, FoV)。对于用户 $k(k \in \{u, v\})$，$\varphi_k > \varphi_{1/2}$，表示 PD 接收机无法接收到来自 LED 发射机的任何光信号，因此 $h_k=0$；g_{oc} 是聚光器增益，$g_{oc}=n^2/\sin^2(\varphi_{1/2})$，其中 n 是聚光器的折射系数；g_{of} 是光滤波器的系数；参数 S 和 η 分别为 PD 接收机的有效检测面积和响应系数。

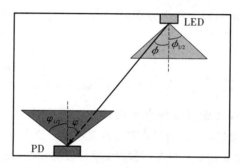

图 2-2　光无线信道模型

对于 NOMA 合法用户 k $(k \in \{u, v\})$ 的信道而言，始终存在 $\phi_k=\varphi_k$。因此 $\cos\varphi_k=L/\sqrt{r_k^2+L^2}$，$d_k^2=r_k^2+L^2$，其中 L 是 LED 发射机与圆心之间的垂直距离，d_k 是 LED 发射机与用户 k 的 PD 接收机之间的传输距离，如图 2-1 所示。这样，NOMA 合法用户的 DC 信道增益为

$$h_k = \frac{g_k(m+1)L^{m+1}}{(r_k^2+L^2)^{\frac{m+3}{2}}} \qquad (2-8)$$

其中，$g_k=S\eta g_{oc}(\varphi_k)g_{of}(\varphi_k)/2\pi$ 是一个常数。给定垂直距离 L，NOMA 合法用户的 DC 信道增益 h_k 主要受大尺度衰落的影响(即路径损耗 $(r_k^2+L^2)^{-(m+3)/2}=d_k^{-(m+3)/2})$。假设合法用户的所有 VLC 信道都是独立的，LED 发射机的瞬时 CSI 是已知的。

然而，对于窃听信道，因为 LED 不知道窃听者使用的聚光器或滤波器类型，LED 发射机通常无法获知窃听信道的 $g_e=S\eta g_{oc}(\varphi_e)g_{of}(\varphi_e)/2\pi$，甚至 LED 根本不知道窃听者存在与否。因此，窃听信道的瞬时 CSI，即 $h_e=\dfrac{g_e(m+1)L^{m+1}}{(r_e^2+L^2)^{(m+3)/2}}$，对于

LED 发射机来说通常是未知的。在本节中，假设 g_e 服从高斯分布，与此同时，h_e 也受大尺度衰落的影响，路径损耗为 $(r_e^2 + L^2)^{-(m+3)/2} = d_e^{-(m+3)/2}$，因此窃听者的平均信道功率增益 $E\{|h_e|^2\}$ 可以表示为

$$E\{|h_e|^2\} = \frac{(m+1)^2 L^{2(m+1)}}{(r_e^2 + L^2)^{m+3}} \qquad (2-9)$$

　　显然，如果窃听者的室内位置已知，就可以从 LED 发射机和窃听者之间的距离获得窃听者的统计平均信道功率增益 $E\{|h_e|^2\}$。理想情况下，物理层安全应该在窃听者的 CSI 未知情况[41]下实现，甚至不知道窃听者的信道统计信息。然而，这对于无线通信系统中的大多数物理层安全问题是无法实现的。一般来说，窃听信道的统计 CSI 是可以获知的[34-37]。

2.2.3　系统的安全中断概率

　　一般来说，可以利用安全容量和安全中断概率[42-44]来测量无线通信系统的安全性能。安全容量适合低时延要求的系统，而安全中断概率是衡量高时延系统安全性能的必要条件，尤其是在 5G 无线通信系统中[45]。

　　下面我们作块衰落假设，其中衰落系数在一个块上保持不变，并以平稳的方式从一个块变化为另一个块。此外，块的长度足够大，使得在一个块上使用可达容量的编码将产生非常小的错误概率。此外，合法信道的块长度与窃听信道的块长度相同。因此，考虑到基于 NOMA 的多用户 VLC 系统的安全性，用户 u 和用户 v 的安全速率分别表示为

$$C_u = [R_u - R_e]^+ \qquad (2-10)$$
$$C_v = [R_v - R_e]^+ \qquad (2-11)$$

其中，$[x]^+ = \max\{x, 0\}$。

　　当用户 $k (k \in \{u, v\})$ 的安全速率低于目标安全速率时，就会发生中断，其概率可表示为

$$P_{so,k} = P(C_k < R_{th}) \qquad (2-12)$$

其中，$P(x)$ 表示事件 x 发生的概率，R_{th} 是两个 NOMA 合法用户预设的目标安全速率。

　　定理 2.2.3.1　假设 LED 发射机已知所有 NOMA 合法用户的瞬时 CSI，而只知道单个窃听者的统计 CSI，并且窃听者具有非常强的检测和解码能力，则 NOMA 合法用户 v 的 SOP 由

$$P_{so,v} \approx \frac{1}{\sqrt{\pi A / 2\bar{\gamma}_e}} \exp(-A/2\bar{\gamma}_e) \qquad (2-13)$$

来决定。其中 $A = \dfrac{1+\gamma_v \mid a_v \mid^2 - 2^{2R_{\text{th}}}}{2^{2R_{\text{th}}} \mid a_v \mid^2}$，$\bar{\gamma}_e = \{\mid h_e \mid^2\} \rho_e$。

证明 用户 v 的 SOP 为

$$P_{\text{so}, v} = P(C_v < R_{\text{th}})$$

$$= P\left[\frac{1}{2}\text{lb}(1+\gamma_v \mid a_v \mid^2) - \frac{1}{2}\text{lb}(1+\gamma_e \mid a_v \mid^2) < R_{\text{th}}\right]$$

$$\xlongequal{\text{def}} P(A < \gamma_e) \qquad\qquad (2-14)$$

将 h_e 代入 $\gamma_e = \mid h_e \mid^2 \rho_e$，再经过一系列处理后，可以得到 $\gamma_e = g_e^2 \bar{\gamma}_e$，其中 $\bar{\gamma}_e = E\{\mid h_e \mid^2\} \rho_e$ 假设已知，则用户 v 的 SOP 可写为 $P_{\text{so}, v} = P(A < \bar{\gamma}_e g_e^2)$。

由于 $g_e \sim N(0, 1)$，可知 g_e^2 服从自由度为 1 的卡方分布，即 $\chi^2(1)$，因此 g_e^2 的概率密度函数为

$$f_{g_e^2}(y) = \frac{1}{\sqrt{2\pi}} y^{-\frac{1}{2}} e^{-\frac{y}{2}} \qquad\qquad (2-15)$$

这样，用户 v 的 SOP 表示为

$$P_{\text{so}, v} = P\left(g_e^2 > \frac{A}{\bar{\gamma}_e}\right) = \int_{A/\bar{\gamma}_e}^{+\infty} f_{g_e^2}(y)\,\mathrm{d}y = \int_{A/\bar{\gamma}_e}^{+\infty} \frac{1}{\sqrt{2\pi}} y^{-\frac{1}{2}} e^{-\frac{y}{2}}\,\mathrm{d}y \qquad (2-16)$$

令 $x = \dfrac{y}{2}$，得 $P_{\text{so}, v} = \dfrac{1}{\sqrt{\pi}} \displaystyle\int_{A/2\bar{\gamma}_e}^{+\infty} x^{-\frac{1}{2}} e^{-x}\,\mathrm{d}x$。利用 Gamma 函数 $\Gamma(\alpha) = \displaystyle\int_0^{+\infty} x^{\alpha-1} e^{-x}\,\mathrm{d}x$ 和其特殊值 $\Gamma\left(\dfrac{1}{2}\right) - \displaystyle\int_0^{+\infty} x^{-\frac{1}{2}} e^{-x}\,\mathrm{d}x - \sqrt{\pi}$，可得

$$P_{\text{so}, v} = \frac{1}{\sqrt{\pi}}\left\{\Gamma\left(\frac{1}{2}\right) - \int_0^{A/2\bar{\gamma}_e} x^{-\frac{1}{2}} e^{-x}\,\mathrm{d}x\right\} = 1 - \frac{1}{\sqrt{\pi}} \int_0^{A/2\bar{\gamma}_e} \frac{e^{-x}}{\sqrt{x}}\,\mathrm{d}x$$

然后使用文献[46]中的式 $\displaystyle\int_0^u \frac{e^{-qx}}{\sqrt{x}}\,\mathrm{d}x = \sqrt{\frac{\pi}{q}} \Phi(\sqrt{qu})$，可得

$$P_{\text{so}, v} = 1 - \Phi(\sqrt{A/2\bar{\gamma}_e})$$

应用文献[46]中的 $\Phi(x) = \text{erf}(x) = \dfrac{2}{\sqrt{\pi}} \displaystyle\int_0^x e^{-t^2}\,\mathrm{d}t$，可进一步得到用户 v 的 SOP 表达式：

$$P_{\text{so}, v} = 1 - \frac{2}{\sqrt{\pi}} \int_0^{\sqrt{A/2\bar{\gamma}_e}} e^{-t^2}\,\mathrm{d}t$$

最后通过积分得到式(2-13)。定理 2.2.3.1 证明结束。

定理 2.2.3.2 假设 LED 知道所有 NOMA 合法用户的瞬时 CSI，而只知

道窃听者的统计 CSI，并且单一窃听者具有非常强的检测和解码能力，那么 NOMA 合法用户 u 的 SOP 由

$$P_{\mathrm{so},u} \approx \frac{1}{\sqrt{\pi B/2\bar{\gamma}_e}} \exp(-B/2\bar{\gamma}_e) \qquad (2-17)$$

来决定。其中，$B = \dfrac{\gamma_u + 1 - 2^{2R_{\mathrm{th}}}\gamma_u|a_v|^2 - 2^{2R_{\mathrm{th}}}}{2^{2R_{\mathrm{th}}}|a_v|^2(\gamma_u|a_v|^2+1)}$，$\bar{\gamma}_e = E\{|h_e|^2\}\rho_e$。

证明　用户 u 的 SOP 可以通过计算得出：

$$
\begin{aligned}
P_{\mathrm{so},u} &= P(C_u < R_{\mathrm{th}}) \\
&= P\left[\frac{1}{2}\mathrm{lb}\left(1 + \frac{\gamma_u|a_u|^2}{\gamma_u|a_v|^2+1}\right) - \frac{1}{2}\mathrm{lb}(1+\gamma_e|a_v|^2) < R_{\mathrm{th}}\right] \\
&\stackrel{\mathrm{def}}{=\!=} P(B < \gamma_e)
\end{aligned}
\qquad (2-18)
$$

令 $B = \dfrac{\gamma_u + 1 - 2^{2R_{\mathrm{th}}}\gamma_u|a_v|^2 - 2^{2R_{\mathrm{th}}}}{2^{2R_{\mathrm{th}}}|a_v|^2(\gamma_u|a_v|^2+1)}$，并应用与定理 2.2.3.1 相同的方法，可以获得用户 u 的 SOP。定理 2.2.3.2 证明结束。

2.3　多个窃听节点随机分布情况下基于 NOMA 的可见光通信的物理层安全

2.3.1　系统模型

在本节中，我们将研究基于 NOMA 的多用户 VLC 系统的物理层安全性能，该系统中包含两个 NOMA 合法用户和多个窃听者。NOMA 用户和窃听者的空间分布对系统的安全性能有很大的影响。

包含多个 NOMA 用户和窃听者的 VLC 系统俯视图如图 2-3 所示。其中 LED 发射机的照明区域为一个半径为 D 的圆，并且 LED 发射机在地面的投影位于圆心。同时，NOMA 合法用户均匀分布在这个圆中，而在这个圆中有多个随机漫游的窃听者，其空间位置被建模为齐次泊松点过程，由 φ_e 表示，窃听密度为 λ_e。

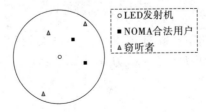

图 2-3　多窃听场景下的 NOMA-VLC 系统

2.3.2 接收信噪比的统计特征

引理 2.3.2.1 假设 NOMA 合法用户在图 2-3 所示圆内的位置服从均匀分布，具有高 VLC 信道功率增益的 NOMA 合法用户 v 的信噪比的累积分布函数为

$$F_{Q_v}(x) = \left[-\frac{1}{D^2} \left[g_v(m+1)L^{m+1} \right]^{\frac{2}{m+3}} \left(\frac{x}{\rho |a_v|^2} \right)^{-\frac{1}{m+3}} + \frac{L^2}{D^2} + 1 \right]^K \times$$
$$\mathrm{B}(v, K-v+1) \tag{2-19}$$

证明 由于具有高 VLC 信道功率增益的用户 v 的信噪比为 $Q_v = \gamma_v |a_v|^2$，其中 $\gamma_v = |h_v|^2 \rho$，因此用户 v 的信噪比的 CDF 可以表示为

$$F_{Q_v}(x) = P(Q_v \leqslant x) = P(|h_v|^2 |a_v|^2 \rho \leqslant x) = F_{|h_v|^2} \left(\frac{x}{\rho |a_v|^2} \right)$$
$$\tag{2-20}$$

其中 $F_{|h_v|^2}(\cdot)$ 是用户 v 的有序信道功率增益。

由于 NOMA 合法用户的位置服从均匀分布，因此用户 k 与 LED 发射机的水平间距的 PDF 为 $f_{r_k}(r) = 2r/D^2$，其中 $r_k (k \in \{u, v\})$ 是用户 k 与圆心之间的距离。假设 $y = \frac{x}{\rho |a_v|^2}$，并使用阶数统计[47]和文献[16]中的结论，我们可以将有序信道的 PDF 表示为

$$f_{|h_v|^2}(y) = \frac{K!}{(v-1)!(K-v)!} \times$$
$$\widetilde{F}_{|h_v|^2}(y)^{v-1} \left[1 - \widetilde{F}_{|h_v|^2}(y) \right]^{K-v} \widetilde{f}_{|h_v|^2}(y) \tag{2-21}$$

其中，NOMA 合法用户的总数用 K 表示，有序信道功率增益满足 $0 < |h_1|^2 \leqslant \cdots \leqslant |h_k|^2 \leqslant \cdots \leqslant |h_K|^2$。由于此部分只考虑了两个 NOMA 合法用户，因此 $K=2$，且 $u=1, v=2$。$\widetilde{F}_{|h_v|^2}(y)$ 是无序信道的 CDF，可以写为

$$\widetilde{F}_{|h_v|^2}(y) = -\frac{1}{D^2} \left[g_v(m+1)L^{m+1} \right]^{\frac{2}{m+3}} y^{-\frac{1}{m+3}} + \frac{L^2}{D^2} + 1 \tag{2-22}$$

并且 $\widetilde{f}_{|h_v|^2}(y)$ 是无序信道的 PDF，可以写为

$$\widetilde{f}_{|h_v|^2}(y) = \frac{1}{D^2} \frac{1}{m+3} \left[g_v(m+1)L^{m+1} \right]^{\frac{2}{m+3}} y^{-\frac{1}{m+3}-1} \tag{2-23}$$

通过对有序信道功率增益的 PDF $f_{|h_v|^2}(y)$ 进行积分，可得用户 v 的有序信道功率增益的 CDF $F_{|h_v|^2}(y)$ 为

$$F_{|h_v|^2}(y) = \int_{-\infty}^{y} f_{|h_v|^2}(y) \mathrm{d}y = \int_{-\infty}^{\kappa_{\min}} 0 \mathrm{d}y + \int_{\kappa_{\min}}^{y} f_{|h_v|^2}(y) \mathrm{d}y$$
$$\tag{2-24}$$

$$F_{|h_v|^2}(y) = \int_{\kappa_{\min}}^{y} \frac{K!}{(v-1)!\,(K-v)!} \times$$

$$\widetilde{F}_{|h_v|^2}(y)^{v-1}\left[1-\widetilde{F}_{|h_v|^2}(y)\right]^{K-v}\widetilde{f}_{|h_v|^2}(y)\mathrm{d}y$$

$$(2-25)$$

$$F_{|h_v|^2}(y) = \frac{K!}{(v-1)!\,(K-v)!}\int_{\widetilde{F}_{|h_v|^2}(\kappa_{\min})}^{\widetilde{F}_{|h_v|^2}(y)} \widetilde{F}_{|h_v|^2}(y)^{v-1} \times$$

$$\left[1-\widetilde{F}_{|h_v|^2}(y)\right]^{K-v}\mathrm{d}\left[\widetilde{F}_{|h_v|^2}(y)\right] \qquad (2-26)$$

其中 $\kappa_{\min}$ 是用户 v 当其所在位置为 $r_v = D$ 时，信道功率增益 $|h_v|^2$ 的最小值。

因此，可得 $\kappa_{\min} = \dfrac{[g_v(m+1)L^{m+1}]^2}{(D^2+L^2)^{m+3}}$。相应地，我们可以得到用户 v 在其所在

位置为 $r_v = 0$ 时，信道功率增益 $|h_v|^2$ 的最大值 $\kappa_{\max} = \dfrac{[g_v(m+1)L^{m+1}]^2}{L^{2(m+3)}}$。

令 $\widetilde{F}_{|h_v|^2}(y) = \Theta$，可得

$$F_{|h_v|^2}(y) = \frac{K!}{(v-1)!\,(K-v)!}\int_{\widetilde{F}_{|h_v|^2}(\kappa_{\min})}^{\widetilde{F}_{|h_v|^2}(y)} \Theta^{v-1}(1-\Theta)^{K-v}\mathrm{d}\Theta$$

$$(2-27)$$

应用文献[46]，即当 $b>a$ 时，$\mathrm{Re}\mu>0$，$\mathrm{Re}v>0$，$\int_{a}^{b}(x-a)^{\mu-1}(b-x)^{v-1}\mathrm{d}x = (b-a)^{\mu+v-1}\mathrm{B}(\mu-v)$，用户 v 的有序信道功率增益的 CDF 可以表示为

$$F_{|h_v|^2}(y) = \left[\widetilde{F}_{|h_v|^2}(y) - \widetilde{F}_{|h_v|^2}(\kappa_{\min})\right]^K \mathrm{B}(v,\,K-v+1) \qquad (2-28)$$

其中 $\mathrm{B}(x,\,y)$ 是 Beta 函数[46]，$\mathrm{B}(x,\,y) = \int_{0}^{1}t^{x-1}(1-t)^{y-1}\mathrm{d}t$。

将 $\kappa_{\min}$ 代入式(2-28)的 $\widetilde{F}_{|h_v|^2}(\cdot)$，可得 $\widetilde{F}_{|h_v|^2}(\kappa_{\min}) = 0$。因此，用户 v 的有序信道功率增益的 CDF 可以表示为

$$F_{|h_v|^2}(y) = \left[\widetilde{F}_{|h_v|^2}(y)\right]^K \mathrm{B}(v,\,K-v+1) \qquad (2-29)$$

最后，将 $y = \dfrac{x}{\rho|a_v|^2}$ 代入式(2-29)，可得用户 v 的信噪比的 CDF，见式

(2-19)。

引理 2.3.2.1 证明结束。

引理 2.3.2.2　假设 NOMA 合法用户在图 2-3 所示圆内的位置服从均匀分布，具有低 VLC 信道功率增益的用户 u 的 SINR 的 CDF 为

$$F_{Q_u}(x) = \begin{cases} \left\{ -\dfrac{1}{D^2} \left[g_u(m+1)L^{m+1} \right]^{\frac{2}{m+3}} \left[\dfrac{x}{\rho(\,|a_u|^2 - x\,|a_v|^2)} \right]^{-\frac{1}{m+3}} + \dfrac{L^2}{D^2} + 1 \right\}^K \times \\ B(u,\,K-u+1), \quad x < \dfrac{|a_u|^2}{|a_v|^2} \\ 1, \quad\quad\quad\quad\quad\quad x \geqslant \dfrac{|a_u|^2}{|a_v|^2} \end{cases}$$

$$(2-30)$$

证明　由于具有低 VLC 信道功率增益的用户 u 的 SINR 为 $Q_u = \dfrac{\gamma_u |a_u|^2}{\gamma_u |a_v|^2 + 1}$，其中 $\gamma_u = |h_u|^2 P_E / \sigma^2 = |h_u|^2 \rho$，因此用户 u 的 SINR 的 CDF 可以表示为

$$\begin{aligned} F_{Q_u}(x) &= P\left(\dfrac{|h_u|^2 |a_u|^2 P_E}{|h_u|^2 |a_v|^2 P_E + \sigma^2} \leqslant x \right) \\ &= P(\,|h_u|^2 |a_u|^2 P_E \leqslant |h_u|^2 |a_v|^2 P_E x + \sigma^2 x) \\ &= \begin{cases} F_{|h_u|^2} \left[\dfrac{x}{\rho(\,|a_u|^2 - x\,|a_v|^2)} \right], & x < \dfrac{|a_u|^2}{|a_v|^2} \\ 1, & x \geqslant \dfrac{|a_u|^2}{|a_v|^2} \end{cases} \end{aligned}$$

$$(2-31)$$

应用与引理 2.3.2.1 相同的方法，我们可以得到用户 u 的有序信道功率增益的 CDF 为

$$F_{|h_u|^2}(y) = \left[\widetilde{F}_{|h_u|^2}(y) \right]^K B(u,\,K-u+1) \qquad (2-32)$$

其中 $K=2$，$u=1$，$\widetilde{F}_{|h_u|^2}(y)$ 是无序信道的 CDF，为

$$\widetilde{F}_{|h_u|^2}(y) = -\dfrac{1}{D^2} \left[g_u(m+1)L^{m+1} \right]^{\frac{2}{m+3}} y^{-\frac{1}{m+3}} + \dfrac{L^2}{D^2} + 1 \qquad (2-33)$$

最后，将 $y = \dfrac{x}{\rho(\,|a_u|^2 - x\,|a_v|^2)}$ 和式(2-33)代入式(2-32)，再将得到的结果代入式(2-31)，可得用户 u 的 SINR 的 CDF，见式(2-30)。

引理 2.3.2.2 证明结束。

引理 2.3.2.3　假设窃听者 e 在图 2-3 所示圆内的位置服从齐次泊松点过程，最有害窃听者的 CDF 为

$$F_{Q_e}(x) = \exp\left\{ -\pi\lambda_e \left[\dfrac{\gamma\left(\dfrac{1}{m+3},\, \Omega x(D^2 + L^2)^{m+3} \right) - \gamma\left(\dfrac{1}{m+3},\, \Omega x(L^2)^{m+3} \right)}{(m+3)(\Omega x)^{\frac{1}{m+3}}} \right] \right\}$$

$$(2-34)$$

其中，$\Omega = 1/(\rho_e((m+1)L^{m+1})^2 |a_v|^2)$，$\gamma(\alpha, x) = \int_0^x e^{-t} t^{\alpha-1} dt$ 是不完备 gamma 函数。

证明　将多个窃听者建模为一个用 Φ_e 表示的齐次泊松点过程，其密度为 λ_e。所有窃听者都被认为具有强大的 SIC 能力，而最有害窃听者拥有的 SINR 最高，即 $Q_e = \rho_e |a_v|^2 \max\limits_{e \in \Phi_e, r_e \leqslant D} \{|h_e|^2\}$，其中，任意窃听者 e（$e \in \Phi_e$）位于半径为 D 的圆中，其极坐标为 (r_e, θ_e)，r_e 是窃听者 e 和圆心之间的距离且不超过 D，即 $r_e \leqslant D$。假设所有的窃听者统计独立，并且具有相同的噪声方差 σ_e^2，$\rho_e = P_E / \sigma_e^2$ 是窃听者的发射信噪比。

最有害窃听者的 CDF 可以表示为

$$
\begin{aligned}
F_{Q_e}(x) &= E_{\Phi_e} \left\{ \prod_{e \in \Phi_e, r_e \leqslant D} F_{|g_e|^2}\left(\frac{(r_e^2 + L^2)^{m+3} x}{((m+1)L^{m+1})^2 \rho_e |a_v|^2} \right) \right\} \\
&= \exp\left[-\lambda_e \int_{R^2} \left(1 - F_{|g_e|^2}\left(\frac{(r_e^2 + L^2)^{m+3} x}{((m+1)L^{m+1})^2 \rho_e |a_v|^2} \right) \right) r \, dr \right]
\end{aligned}
$$

$$(2-35a)$$

$$
= \exp\left[-2\pi\lambda_e \int_0^D r \exp\left(\frac{-(r^2+L^2)^{m+3} x}{((m+1)L^{m+1})^2 \rho_e |a_v|^2} \right) dr \right]
$$

$$
= \exp\left[-\pi\lambda_e \int_{L^2}^{D^2+L^2} \exp\left(\frac{-x}{((m+1)L^{m+1})^2 \rho_e |a_v|^2} \right) y^{m+3} \, dy \right] \quad (2-35b)
$$

$$
= \exp\left\{ -\pi\lambda_e \cdot \left[\int_0^{D^2+L^2} \exp\left(\frac{-x}{((m+1)L^{m+1})^2 \rho_e |a_v|^2} \right) y^{m+3} \, dy \right.\right.
$$

$$
\left.\left. - \int_0^{L^2} \exp\left(\frac{-x}{((m+1)L^{m+1})^2 \rho_e |a_v|^2} \right) y^{m+3} \, dy \right] \right\} \quad (2-35c)
$$

其中，按照文献[37]中使用的方法，存在 $r_e \in R^2$ 和 $r_e \leqslant D$（其中 R^2 表示二维实值数的集合），因此式（2-35a）成立；令 $y = r^2 + L^2$，当 $r \in [0, D]$ 时 $y \in [L^2, D^2 + L^2]$，因此式（2-35b）成立；通过使用加性定理将积分区间分成两部分，因此式（2-35c）成立。

应用文献[46]，即 $\int_0^\mu x^m e^{-\beta x^n} dx = \dfrac{\gamma(\nu, \beta\mu^n)}{n\beta^\nu}$ 且 $\nu = (m+1)/n$ 和 $\mu > 0$，$\mathrm{Re}\nu > 0$，$\mathrm{Re}n > 0$，$\mathrm{Re}\beta > 0$，则最有害窃听者的 CDF 为

$$
F_{Q_e}(x) = \exp\left\{ -\pi\lambda_e \times \left[\frac{\gamma\left(\frac{1}{m+3}, \frac{x}{\rho_e((m+1)L^{m+1})^2 |a_v|^2}(D^2+L^2)^{m+3}\right) - \gamma\left(\frac{1}{m+3}, \frac{x}{\rho_e((m+1)L^{m+1})^2 |a_v|^2}(L^2)^{m+3}\right)}{(m+3)\left(\frac{x}{\rho_e((m+1)L^{m+1})^2 |a_v|^2}\right)^{\frac{1}{m+3}}} \right] \right\}
$$

$$(2-36)$$

令 $\Omega = 1/(\rho_e((m+1)L^{m+1})^2 |a_v|^2)$，可得最有害窃听者的 CDF $F_{Q_e}(x)$，

见式(2-34)。

引理 2.3.2.3 证明结束。

对式(2-36)中最有害窃听者 CDF 中的 x 取一阶偏导数，并应用文献 [46]，即 $\dfrac{\mathrm{d}\gamma(\alpha,x)}{\mathrm{d}x}=x^{\alpha-1}\mathrm{e}^{-x}$，可以推导出最有害窃听者的 PDF 为

$$f_{Q_e}(x)=\frac{\partial F_{Q_e}(x)}{\partial x}$$

$$=\pi\lambda_e m_2\left\{\frac{m_2\left[\gamma\left(m_2,\frac{\sigma_e^2 x\widetilde{L}^{2/m_2}}{P_v m_1}\right)-\gamma\left(m_2,\frac{\sigma_e^2 xL^{2/m_2}}{P_v m_1}\right)\right]}{\left(\frac{\sigma_e^2 x}{P_v m_1}\right)^{m_2}x}-\frac{\widetilde{L}^2\mathrm{e}^{-\frac{\sigma_e^2 x\widetilde{L}^{2/m_2}}{P_v m_1}}-L^2\mathrm{e}^{-\frac{\sigma_e^2 xL^{2/m_2}}{P_v m_1}}}{x}\right\}\times$$

$$\exp\left\{\frac{-\pi\lambda_e m_2\left[\gamma\left(m_2,\frac{\sigma_e^2 x\widetilde{L}^{2/m_2}}{P_v m_1}\right)-\gamma\left(m_2,\frac{\sigma_e^2 xL^{2/m_2}}{P_v m_1}\right)\right]}{\left(\frac{\sigma_e^2 x}{P_v m_1}\right)^{m_2}}\right\} \qquad (2-37)$$

其中，$m_1=((m+1)L^{m+1})^2$；$m_2=\dfrac{1}{m+3}$；$\widetilde{L}^2=D^2+L^2$ 和 $P_u=P_E|a_u|^2$，$P_v=P_E|a_v|^2$。

2.3.3 最有害窃听时系统的安全性能界

定理 2.3.3.1 假设地面上两个 NOMA 合法用户的位置服从均匀分布，而多个窃听者的位置服从齐次泊松点过程，则用户 v 的 SOP 由

$$P_{\mathrm{so},v}=\pi\lambda_e m_2 D^{-2K}B(v,K-v+1)\int_0^{+\infty}\left(\widetilde{L}^2-\left(\frac{\sigma^2(2^{2R_{\mathrm{th}}}(1+x)-1)}{g_v^2 P_v m_1}\right)^{-m_2}\right)^K\times$$

$$\left\{\frac{m_2\left[\gamma\left(m_2,\frac{\sigma_e^2 x\widetilde{L}^{2/m_2}}{P_v m_1}\right)-\gamma\left(m_2,\frac{\sigma_e^2 xL^{2/m_2}}{P_v m_1}\right)\right]}{\left(\frac{\sigma_e^2 x}{P_v m_1}\right)^2 x}-\frac{\widetilde{L}^2\mathrm{e}^{\frac{\sigma_e^2 x\widetilde{L}^{2/m_2}}{P_v m_1}}-L^2\mathrm{e}^{\frac{\sigma_e^2 xL^{2/m_2}}{P_v m_1}}}{x}\right\}\times$$

$$\mathrm{e}^{\pi\lambda_e m_2\left[\gamma\left(m_2,\frac{\sigma_e^2 xL^{2/m_2}}{P_v m_1}\right)-\gamma\left(m_2,\frac{\sigma_e^2 xL^{2/m_2}}{P_v m_1}\right)\right]}\Big/\left(\frac{\sigma_e^2 x}{P_v m_1}\right)^{m_2}\mathrm{d}x \qquad (2-38)$$

来决定。

证明 在本部分中，我们衡量了 LED 发射机与合法用户建立连接条件下的 SOP 性能。因此，用户 v 可以成功地执行 SIC，则用户 v 的 SOP 计算如下：

$$P_{\mathrm{so},v}=P\left[\frac{1}{2}\mathrm{lb}(1+Q_v)-\frac{1}{2}\mathrm{lb}(1+Q_e)<R_{\mathrm{th}}\right]$$

$$=P(Q_v<2^{2R_{\mathrm{th}}}(1+Q_e)-1)$$

$$= \int_0^{+\infty} F_{Q_v}(2^{2R_{th}}(1+x)-1)f_{Q_e}(x)\mathrm{d}x \qquad (2-39)$$

利用引理 2.3.2.1 和引理 2.3.2.3 的结果，将式(2-21)和式(2-37)代入式(2-39)，经过进一步整理可得用户 v 的 SOP。

定理 2.3.3.1 证明结束。

定理 2.3.3.2　假设地面上两个 NOMA 合法用户的位置服从均匀分布，而多个窃听者的位置服从齐次泊松点过程，用户 u 的 SOP 由

$$P_{so,u} = -F_{Q_e}\left(\frac{1}{2^{2R_{th}}|a_v|^2}-1\right) + \pi\lambda_e m_2 D^{-2K}\mathrm{B}(u,K-u+1)\times$$

$$\int_0^{\frac{1}{2^{2R_{th}}|a_v|^2}-1}\left(\tilde{L}^2 - \left(\frac{\sigma^2(2^{2R_{th}}(1+x)-1)}{g_u^2(P_u-xP_v)m_1}\right)^{-m_2}\right)^K \times$$

$$\left\{\frac{m_2\left[\gamma\left(m_2,\frac{\sigma_e^2 x\tilde{L}^{2/m_2}}{P_v m_1}\right)-\gamma\left(m_2,\frac{\sigma_e^2 xL^{2/m_2}}{P_v m_1}\right)\right]}{\left(\frac{\sigma_e^2 x}{P_v m_1}\right)^{m_2}x}-\frac{\tilde{L}^2 e^{-\frac{\sigma_e^2 x\tilde{L}^{2/m_2}}{P_v m_1}}-L^2 e^{-\frac{\sigma_e^2 xL^{2/m_2}}{P_v m_1}}}{x}\right\}\times$$

$$e^{-\pi\lambda_e m_2\left[\gamma\left(m_2,\frac{\sigma_e^2 x\tilde{L}^{2/m_2}}{P_v m_1}\right)-\gamma\left(m_2,\frac{\sigma_e^2 xL^{2/m_2}}{P_v m_1}\right)\right]/\left(\frac{\sigma_e^2 x}{P_v m_1}\right)^{m_2}}\mathrm{d}x \qquad (2-40)$$

来决定。

证明　应用与定理 2.3.3.1 类似的方法，可得

$$P_{so,u} = P\left[\frac{1}{2}\mathrm{lb}(1+Q_u)-\frac{1}{2}\mathrm{lb}(1+Q_e)<R_{th}\right]$$

$$= P(Q_u < 2^{2R_{th}}(1+Q_e)-1)$$

$$= \int_0^{+\infty} F_{Q_u}(2^{2R_{th}}(1+x)-1)f_{Q_e}(x)\mathrm{d}x \qquad (2-41)$$

注意　式(2-30)中分段函数 F_{Q_u} 的分界点是 $|a_u|^2/|a_v|^2$，与式(2-41)中的 $2^{2R_{th}}(1+x)-1$ 进行比较，可得式(2-41)中函数的新分界点是 $\frac{1}{2^{2R_{th}}|a_v|^2}-1$。然后，式(2-41)可进一步表示为

$$P_{so,u} = \int_0^{\frac{1}{2^{2R_{th}}|a_v|^2}-1} F_{Q_u}(2^{2R_{th}}(1+x)-1)f_{Q_e}(x)\mathrm{d}x +$$

$$\int_{\frac{1}{2^{2R_{th}}|a_v|^2}-1}^{+\infty} 1\cdot f_{Q_e}(x)\mathrm{d}x \qquad (2-42)$$

经过一些整理，我们可以得到用户 u 的 SOP，见式(2-40)。

定理 2.3.3.2 证明结束。

2.4 实验与结果分析

本小节中，我们通过实验仿真验证了所提系统中 NOMA 合法用户在以下两种场景下的 SOP 性能：

（1）一个具有确定位置的单一窃听者；

（2）服从齐次泊松点过程分布的多个窃听者。

表 2-1 列出了 LED 发射机以及合法用户和窃听者的 PD 接收机的参数。

表 2-1 LED 发射机以及合法用户和窃听者的 PD 接收机的参数

参　　数	数　　值
LED 的总发射功率	0.6 mW
LED 半功率半角	60°
PD 接收机的 FoV	60°
PD 接收机的有效物理检测面积	1 cm²
PD 接收机的响应系数	0.4 mA/mW
光滤波器的系数	1
聚光器的折射率	1.5

2.4.1 单窃听情况下系统的安全性能

为了评估给定用户组的安全性能，我们考虑了单个窃听者处于两种不同位置的情况，一种是窃听者的极坐标为 $(0.9 \text{ m}, 90°)$，此时其接近于合法用户；另一种是窃听者的极坐标为 $(1.7 \text{ m}, 90°)$，此时其远离合法用户。窃听者所处不同位置时的系统参数设置如表 2-2 所示。

表 2-2 窃听者处于不同位置时的系统参数设置

参　　数	数　　值
LED 发射机与 PD 接收机之间的垂直距离 L	2.15 m
LED 在地面上的投影的圆半径 D	3 m
LED 投影的极坐标	$(0 \text{ m}, 0°)$
靠近 LED 投影的 NOMA 合法用户的极坐标 (r_v, θ_v)	$(0.4 \text{ m}, 120°)$
远离 LED 投影的 NOMA 合法用户的极坐标 (r_u, θ_u)	$(0.5 \text{ m}, 150°)$
每个 NOMA 合法用户预设目标安全速率 R_{th}	$0.5R_v$
合法信道和窃听信道的噪声方差，$\sigma^2 = \sigma_e^2$	$1 \times 10^{-14} \text{ W}$

图 2-4 描绘了两个 NOMA 合法用户(称为用户组)在窃听节点处于不同位置时相对于 LED 功率变化的 SOP 性能。

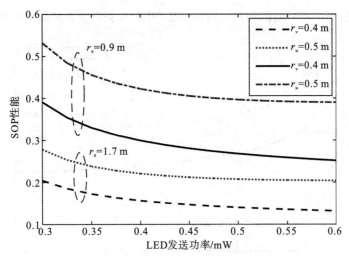

图 2-4　给定用户组在单个窃听者处于不同位置时的 SOP 性能

可以看出,对于给定的用户组($r_v=0.4$ m,$r_u=0.5$ m),当窃听者($r_e=0.9$ m)接近合法用户时合法用户的 SOP 很高,而窃听者($r_e=1.7$ m)远离合法用户时合法用户的 SOP 较低,即远离窃听者时合法用户的 SOP 性能优于接近窃听者时合法用户的 SOP 性能。这是因为当窃听者接近合法用户时,合法信道(主信道)和窃听信道之间的差异被削弱,使得窃听更容易。此外,对于给定用户组,不管窃听者处于哪种位置,信道功率增益高的合法用户的 SOP 性能总是优于信道功率增益低的合法用户的 SOP 性能。这是因为信道功率增益高的合法用户具有较强的 SIC 能力。从图 2-4 可以看出,增加 LED 发送功率可提高所有合法用户的 SOP 性能。这是因为主信道的信道容量随着 LED 发送功率的增加而增大,从而扩大了主信道和窃听信道之间的差异。

在窃听者位置($r_e=1.7$ m)不变的情况下,对用户组在两种不同信道条件下的 SOP 性能进行评估,如图 2-5 所示。其中,用户组 1 中的用户($r_v=0.4$ m,$r_u=0.5$ m)处于相似的信道条件下,而来自用户组 2 的用户($r_v=0.4$ m,$r_u=1.1$ m)处于明显不同的信道条件下。从图 2-5 可以看出,信道条件显著不同的用户组的 SOP 性能总是优于信道条件相似的用户组的 SOP 性能,也就是说,信道差异越大，SOP 性能越好。具体来说，在信道功率增益高的用户 v 所在的用户组 2 中，永远不会发生中断事件。这不仅是因为窃听者远离合法的用户 v，还因为具有高信道功率增益的用户 v 可以基于 NOMA 获得更高的数据速率[48]。

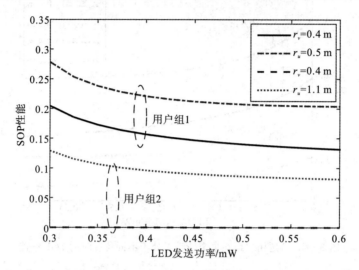

图 2-5 当窃听者处于 $r_e = 1.7$ m 时不同用户组的 SOP 性能

接下来，我们研究了在单个窃听者存在情况下，NOMA 合法用户的 SOP 性能与 LED 半功率半角的关系。当 LED 半功率半角为 $15°$ 时，其光束在地面的覆盖范围的最大半径为 $2.15 \times \arctan 15° = 0.5505$ m。然而，LED 半功率半角为 $60°$ 时，最大光束覆盖半径为 $2.15 \times \arctan 60° = 1.7382$ m。因此，在仿真实验中，我们将信道功率增益较高的 NOMA 合法用户的极坐标 (r_v, θ_v) 设为 $(0.4$ m, $120°)$，将信道功率增益较低的 NOMA 合法用户的极坐标 (r_u, θ_u) 设为 $(0.5$ m, $150°)$。这样的设置使得两个 NOMA 合法用户和 LED 投影之间的距离总是小于 0.5505 m，于是它们都可以接收来自 LED 发射机的信息，这也正是之前的仿真实验中选择用户组 $(r_v = 0.4$ m, $r_u = 0.5$ m) 的原因。同时，为了观察 LED 半功率半角对 SOP 性能的影响，我们将 LED 半角从 $15°$ 变化至 $60°$。

从图 2-6 可以看出，当窃听者位置是 $r_e = 0.55$ m（其小于 0.5505 m，无论 LED 半功率半角如何变化，窃听者始终与两个 NOMA 合法用户处于同一照明区域），使 LED 半功率半角在 $15°$ 至 $60°$ 之间变化，信道功率增益高的用户和信道功率增益低的用户都会发生安全中断，两个 NOMA 合法用户的 SOP 最终稳定在 0.2 左右。然而，LED 半功率半角小于 $30°$，窃听者距离

NOMA 合法用户较远(其位置是 $r_e=1$ m)时,安全中断不会发生,这是因为窃听者与两个 NOMA 合法用户不在同一照明区域,窃听者无法从 LED 接收任何信息,也就无法窃听任何信息。另一方面,当 LED 半功率半角大于 30°时,增加 LED 半功率半角将导致两个用户的 SOP 最终小于 0.2。这再次验证了远离窃听者($r_e=1$ m)的合法用户的 SOP 性能优于接近窃听者($r_e=0.55$ m)的合法用户的 SOP 性能。

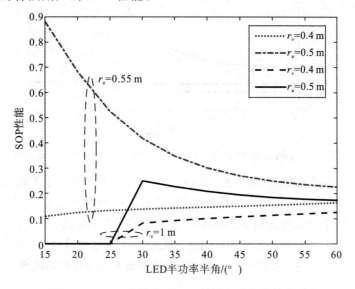

图 2-6　LED 半照度下 SOP 性能与半角度的关系

2.4.2　多窃听情况下系统的安全性能

图 2-7 描绘了用户 u 和用户 v 在不同发射 SNR 和不同窃听密度下的 SOP 性能。假设随机漫游的多个窃听者的密度范围为 $10^{-2} \sim 10^1$。从图 2-7 中可以看出,SOP 随着窃听密度的减小而减小,这是因为降低窃听密度,可以扩大主信道和窃听信道之间的差异,从而提高合法用户的安全性能。从图 2-7 中还可知,在给定的发射信噪比条件下,用户 v 的 SOP 总是比用户 u 低,这是因为信道功率增益高的用户 v 比信道功率增益低的用户 u 具有更强的 SIC 能力和更低的路径损耗。从图 2-7 中还可知,对于给定的用户,增加其发射信噪比(例如,从 60 dB 增加到 80 dB)可以提高其 SOP 的性能,这是因为发射信噪比的增加可以扩大合法信道和窃听者信道之间的差异,这相当于减弱了窃听信道。

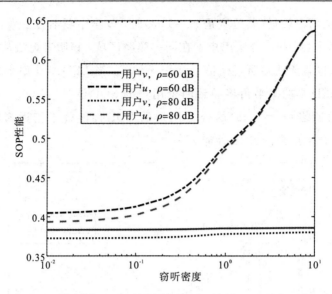

图 2-7　不同发射 SNR 和不同窃听密度时用户 u 和用户 v 的 SOP

图 2-8 描述了当窃听密度为 0.1 时,用户 u 和用户 v 相对于不同 LED 半功率半角的 SOP。当 LED 半功率半角较小时,合法用户的 SOP 性能良好,这是由于 LED 光束窄,具有良好的信号限制特性,因此信息不容易泄露。然而,这种情况极大地限制了合法用户的灵活性和移动性。从图 2-8 中也可以看到,对于一个给定的用户,增加其发射信噪比(例如,从 60 dB 增加到 80 dB)可以降低 SOP。

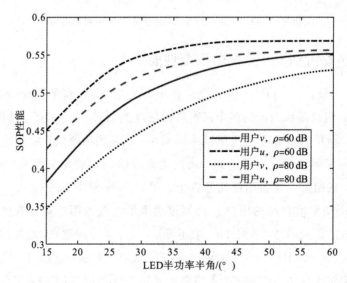

图 2-8　当窃听密度为 0.1 时,用户 u 和用户 v 在不同 LED 半功率半角时的 SOP

本 章 小 结

本章分析了基于 NOMA 的多用户 VLC 系统的物理层安全问题,分别考虑了 NOMA – VLC 合法用户在单个窃听者和多个窃听者存在情况下的安全性能。在单窃听情况下,通过对光无线 IM/DD 信道特性的深入分析,在合法信道的瞬时 CSI 和窃听信道的统计 CSI 已知时,得到了 SOP 的精确表达式。在多窃听情况下,假设合法用户均匀分布且窃听者的空间位置服从齐次泊松点过程,利用随机几何工具得到了系统的 SOP。针对室内 LED 发射机和 PD 接收机的典型参数进行仿真实验,实验结果表明,在单窃听情况下,远离窃听者的合法用户的 SOP 性能优于接近窃听者的合法用户的 SOP 性能。提高 LED 发射功率和扩大用户组之间的信道差异都可以提高 NOMA 合法用户的 SOP 性能。此外,对于给定的 NOMA 合法用户,LED 半功率半角在 15°至 60°之间变化时 SOP 最终稳定在 0.2 左右。另外,在给定窃听密度的多窃听情况下,减小窃听密度或 LED 半功率半角可以提高 NOMA 合法用户的 SOP 性能。这些结论将为物理层安全技术在基于 NOMA 的多用户可见光通信系统中的各种应用提供有价值的理论依据和重要的实践指导意义。

参 考 文 献

[1] MEMEDI A, DRESSLER F. Vehicular Visible Light Communications: A Survey. IEEE Communications Surveys & Tutorials, 2021, 23(1): 161 – 181.

[2] UYSAL M, CAPSONI C, GHASSEMLOOY Z, et al. Optical Wireless Communications-An Emerging Technology. Berlin, Germany: Springer-Verlag, 2016.

[3] SUN S, WANG T, YANG F, et al. Intelligent Reflecting Surface-Aided Visible Light Communications: Potentials and Challenges. IEEE Vehicular Technology Magazine, 2022, 17(1): 47 – 56.

[4] YANG C, WANG Y, WANG Y, et al. Demonstration of high-speed multi-user multi-carrier CDMA visible light communication. Opt. Commun., 2015, 336: 269 – 272.

[5] SUNG J Y, YEH C H, CHOW C W, et al. Orthogonal frequency-division multiplexing access (OFDMA) based wireless visible light

communication (VLC) system. Opt. Commun. , 2015, 355: 261 – 268.

[6] CHEN Z, BASNAYAKA D, HAAS H. Space division multiple access for optical attocell network using angle diversity transmitters. J. Lightw. Technol. , 2017, 35(11): 2118 – 2131.

[7] LIU Y, QIN Z, ELKASHLAN M, et al. Non-orthogonal multiple access for 5G and beyond. Proc. IEEE, 2017, 05(12): 2347 – 2381.

[8] DING Z, LEI X, KARAGIANNIDIS G K, et al. A survey on non-orthogonal multiple access for 5G networks: research challenges and future trends. IEEE J. Sel. Areas Commun. , 2017, 35(10): 2181 – 2195.

[9] DING Z, LIU Y, CHOI J, et al. Application of non-orthogonal multiple access in LTE and 5G networks. IEEE Commun. Mag. , 2017, 55(2): 185 – 191.

[10] ARACHCHILLAGE U, JAYAKODY D, BISWASH S, et al. Recent advances and future research challenges in non-orthogonal multiple access for 5G Networks. In Proc. IEEE 18th Vehicular Technology Conference (VTC2018 – Spring), Porto, Portugal, 2018: 1 – 7.

[11] DING Z, YANG Z, FAN P, et al. On the performance of non-orthogonal multiple access in 5G systems with randomly deployed users. IEEE Signal Process. Lett. , 2014, 21(2): 501 – 1505.

[12] TIMOTHEOU S, KRIKIDIS I. Fairness for non-orthogonal multiple access in 5G systems. IEEE Signal Process. Lett. , 2015, 22(10): 647 – 1651.

[13] XU P, YUAN Y, DING Z, et al. On the outage performance of non-orthogonal multiple access with 1 – bit feedback. IEEE Trans. Wireless Commun. , 2016, 15(10): 6716 – 6730.

[14] ZHU J, WANG J, HUANG Y, et al. On optimal power allocation for downlink non-orthogonal multiple access systems. IEEE J. Sel. Areas Commun. , 2017, 35(12): 2744 – 2757.

[15] MARSHOUD H, KAPINAS V M, KARAGIANNIDIS G K, et al. Non-orthogonal multiple access for visible light communications. IEEE Photon. Technol. Lett. , 2016, 28(1): 51 – 54.

[16] YIN L, POPOOLA W O, WU X, et al. Performance evaluation of non-orthogonal multiple access in visible light communication. IEEE Trans. Commun. , 2016, 64(12): 5162 – 5175.

[17] YANG Z, XU W, LI Y. Fair non-orthogonal multiple access for visible light

communication downlinks. IEEE Wireless Commun. Lett. , 2017, 6(1): 66 - 69.

[18]　MARSHOUD H, SOFOTASIOS P C, MUHAIDAT S, et al. On the performance of visible light communication systems with non-orthogonal multiple access. IEEE Trans. Wireless Commun. , 2017, 16(10): 6350 - 6364.

[19]　YANG N, WANG L, GERACI G, et al. Safeguarding 5G wireless communication networks using physical layer security. IEEE Commun. Mag. , 2015, 53(4): 20 - 27.

[20]　BURG A, CHATTOPADHYAY A, LAM K Y. Wireless Communication and security Issues for cyber-physical systems and the Internet-of-things. Proc. IEEE, 2018, 106(1): 38 - 60.

[21]　MOSTAFA A, LAMPE L. Physical-layer security for MISO visible light communication channels. IEEE J. Sel. Areas Commun. , 2015, 33 (9): 1806 - 1818.

[22]　MOSTAFA A, LAMPE L. Optimal and robust beamforming for secure transmission in MISO visible-light communication links. IEEE Trans. Signal Process. , 2016, 64(24): 6501 - 6516.

[23]　LU H, ZHANG L, CHEN W, et al. Design and analysis of physical layer security based on ill-posed theory for optical OFDM-based VLC system over real-valued visible light channel. IEEE Photon. J. , 2016, 8(6): 1 - 19.

[24]　PAN G, YE J, DING Z. Secure hybrid VLC-RF systems with light energy harvesting. IEEE Trans. Commun. , 2017, 65(10): 4348 - 4359.

[25]　SHEN H, DENG Y, XU W, et al. Secrecy-oriented transmitter optimization for visible light communication systems. IEEE Photon. J. , 2016, 8(5): 1 - 14.

[26]　S. MA, Z. DONG, H. LI, et al. Optimal and robust secure beamformer for indoor MISO visible light communication," J. Lightw. Technol. , vol. 34, no. 21, pp. 4988 - 4998, Nov. 2016.

[27]　PAN G, YE J, DING Z. On secure VLC systems with spatially random terminals. IEEE Commun. Lett. , 2017, 21(3): 492 - 495.

[28]　YIN L, HAAS H. Physical-layer security in multiuser visible light communication networks. IEEE J. Sel. Areas Commun. , 2018 , 36 (1): 162 - 174.

[29]　PHAM T V, PHAM A T. On the secrecy sum-rate of MU-VLC

broadcast systems with confidential messages. In Proc. 10th International Symposium on Communication Systems, Networks and Digital Signal Processing, Prague, Czech Republic, 2016: 1 – 6.

[30] MOUSA F I K, MAADEED N A, BUSAWON K, et al. Secure MIMO visible light communication system based on user's location and encryption. J. Lightw. Technol. ,2017, 35(24): 5324 – 5334.

[31] ZHANG Y, WANG H, YANG Q, et al. Secrecy sum rate maximization in non-orthogonal multiple access. IEEE Commun. Lett. , 2016, 20(5): 930 – 933.

[32] TIAN M, ZHANG Q, ZHAO S, et al. Secrecy sum rate optimization for downlink MIMO non-orthogonal multiple access systems. IEEE Signal Process. Lett. , 2017, 24(8): 1113 – 1117.

[33] LEI H, ZHANG J, PARK K H, et al. On secure NOMA systems with transmit antenna selection schemes. IEEE Access, 2017, 5: 17450 – 17464.

[34] HE B, LIU A, YANG N, et al. On the design of secure non-orthogonal multiple access systems. IEEE J. Sel. Areas Commun. , 2017, 35(10): 2196 – 2206.

[35] LI Y, JIANG M, ZHANG Q, et al. Secure beamforming in downlink MISO non-orthogonal multiple access systems. IEEE Trans. Veh. Tech. , 2017, 66 (8): 7563 – 7567.

[36] JIANG M, LI Y, ZHANG Q, et al. Secure beamforming in downlink MIMO non-orthogonal multiple access networks. IEEE Signal Process. Lett. , 2017, 24(12): 1852 – 1856.

[37] LIU Y, QIN Z, ELKASHLAN M, et al. Enhancing the physical layer security of non-orthogonal multiple access in large-scale networks. IEEE Trans. Wireless Commun. , 2017, 16(3): 1656 – 1672.

[38] GOMEZ G, MARTIN-VEGA F J, LOPEZ-MARTINEZ F J, et al. Uplink NOMA in large-scale systems: coverage and physical layer security. 2017. [Online]. Available: https://arxiv. org/abs/1709. 04693.

[39] 3rd Generation Partnership Project (3GPP). Study on downlink multiuser superposition transmission for LTE. , Mar 2015.

[40] ZENG L, O'BRIEN D C, MINH H L, et al. High data rate multiple input multiple output (MIMO) optical wireless communications using white LED lighting. IEEE J. Sel. Areas Commun. , 2009, 27(9): 1654 – 1662.

[41] LAI X, XIA J, TANG M, et al. Cache-aided multiuser cognitive relay networks with outdated channel state information. IEEE Access, 2018(6): 21879 - 21887.

[42] FAN L, LEI X, YANG N, et al. Secure multiple amplify-and-forward relaying with cochannel interference. IEEE Journal of Selected Topics in Signal Processing, 2016, 10(8): 1494 - 1505.

[43] FAN L, LEI X , YANG N, et al. Secrecy cooperative networks with outdated relay selection over correlated fading channels. IEEE Trans. Veh. Tech. , 2017, . 66(8): 7599 - 7603.

[44] FAN L, ZHAO R, GONG F K, et al. Secure multiple amplify-and-forward relaying over correlated fading channels. IEEE Trans. Commun. , 2017, 65(7): 2811 - 2820.

[45] XIA J, ZHOU F, LAI X, et al. Cache Aided Decode-and-Forward Relaying Networks: From the Spatial View. Wireless Communications and Mobile Computing, 2018, 5963584: 1 - 9. DDI: 10. 1155/ 2018/ 5963584.

[46] GRADSHTEYN I S, RYZHIK I M. Table of Integrals, Series, and Products (7th ed). Amsterdam: Elsevier, 2007.

[47] DAVID H A, NAGARAJA H N. Order Statistics, 3rd ed. New York: Wiley, 2003.

[48] DING Z, FAN P, POOR H V. Impact of user pairing on 5G nonorthogonal multiple-access downlink transmissions. IEEE Trans. Veh. Tech. , 2016, 65(8): 6010 - 6023.

第3章　用户移动情况下基于 NOMA 的可见光通信的物理层安全

实际应用中，用户移动是无线通信的重要特征，也是可见光通信的重要特征。随着移动互联网的蓬勃发展，无论是移动支付、移动社交还是移动办公，移动业务的安全是所有消费者共同的需求。因此，研究用户移动情况下的可见光通信物理层安全具有重要意义。

本章首先研究了在单个用户随机移动情况下可见光通信的物理层安全，然后扩展至多用户可见光通信，研究了用户移动情况下基于 NOMA 的可见光通信的物理层安全，最后通过实验验证了所提系统的优越性。

3.1　单个用户随机移动情况下可见光通信的物理层安全

可见光通信具有免费频谱资源、超高传输速率以及低成本部署等优势，受到了全世界的广泛关注，学术界已对其有效性和可靠性进行了大量的分析研究，但是可见光通信在数据的传输安全性方面仍存有许多需要解决的问题。文献[1-3]研究了用户位置随机分布下系统的安全性能。文献[1]中 G. Pan 等人采用齐次泊松点过程将多个窃听节点地理分布进行数学建模，进而分析了窃听者在非勾结串通情况下系统的安全性能。文献[2]中作者提出一种三维可见光网络模型，假定接入点、用户和窃听者被建模成二维泊松点过程分布，从而推导出系统的安全中断概率和遍历安全速率。文献[3]中 L. Yin 等人将多个光接入点与用户的空间分布建模为统计独立的两个泊松点过程分布，分析了特定的单个合法用户的安全中断性能。

然而，实际场景中的用户并不是一直处于静止状态，而是在通信过程中不断移动的，因此其信道状态会发生改变。文献[4-6]则对移动用户下的可见光通信系统的信道特性进行了理论分析。其中，文献[4]分析了随机游走移动模型下可见光通信系统的遍历信道容量，文献[5]研究了室内可见光通信系统中随机路点（Random Waypoint，RWP）移动模型下移动用户接收 SNR 的统计特性，文献[6]构建了用户接收机位置与方向的随机移动性对可见光通信信道统计特性影响的理论分析框架，分析了系统可靠性。然而，目前尚未有文献考虑用户移动对于可见光通信系统物理层安全的影响，因此基于上述研究现状，本节分析了单个用户移动情况下可见光通信系统的物理层安全。

3.1.1　移动模型

迄今为止，研究学者已经为各种应用场景建立了多种相应的移动模型，其分类框图如图 3-1 所示。主流的移动模型[7]主要由两类模型构成：一类为轨迹移动模型，另一类为合成移动模型。轨迹移动模型根据现实场景中用户真实的行动轨迹进行多次数据的拟合预测，具有较好的实时性。然而，其缺点也是显而易见的：当场景中出现大量的观察研究对象并进行长时间运动观察时，会导致后台数据计算量的大幅提升，并降低其预测性能。与之不同的是，合成移动模型不采集用户移动轨迹，它是一种根据用户移动特性进行总结的数学模型，具有普适性，并且在仿真分析时较为方便。

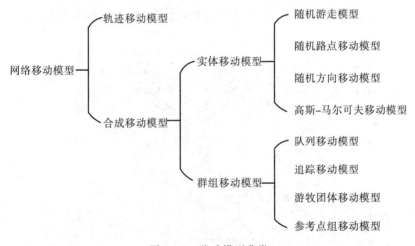

图 3-1　移动模型分类

合成移动模型又包括实体移动模型和群组移动模型。其中，实体移动模型用于网络中的用户作为一个单独实体，或者网络中多个用户之间不存在任何关系的情况，该模型算法的优点是简易和理想。所谓群组移动模型，即网络中的用户作为群组的方式存在，且每个群组内的用户相互之间存在特定关联。随着无线通信的飞速发展，网络内的用户数目急剧增多，用户间的行为也更加复杂多变，因此实体移动模型的研究对未来网络动态性能的分析具有十分重要的现实意义。下一小节将对常见的实体移动模型进行分析与比较。

目前，关于移动网络性能(包括有效性、可靠性和安全性等指标)的研究主要分析的是实体移动模型，此模型算法简单、易于操作，因此本小节对 RWP 移动模型以及随机方向（Random Direction，RD）移动模型进行着重介绍。

1. RWP 移动模型

RWP 移动模型由 E. Hyytia 等人[8]率先提出，该移动模型算法简单，容易被 MATLAB、NS2 等仿真软件通过代码实现。下面简单介绍 RWP 移动模型：运动节点首先在某个移动区域内随机选择两个位置点，一个位置点 P 作为节点的初始运动位置，另一个位置点 Q 作为节点的运动终点位置，随后节点以速率 $v \in [v_{min}, v_{max}]$ 从 P 到 Q 作匀速运动，v 在速度区间内服从均匀分布；当运动节点到达 Q 时，随机停留时间 $t_{pause} \in [t_{min}, t_{max}]$。停留时间结束后，节点又重复上述流程进行运动，这称为一个运动周期（Period）。模型中节点的最大速度 v_{max} 和停留时间 t_{pause} 为关键参数，可以分两种情况讨论：当 v_{max} 数值较大而 t_{pause} 数值较小时，该网络结构稳定性差；当 v_{max} 数值较小而 t_{pause} 数值较大时，该网络结构稳定性好。

图 3-2 为对 RWP 移动模型的运动节点仿真 4000 次的轨迹图。

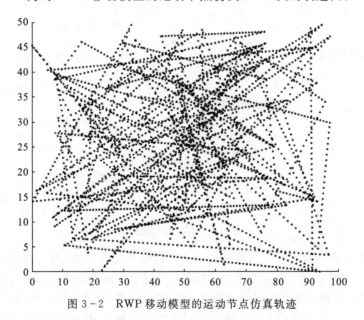

图 3-2　RWP 移动模型的运动节点仿真轨迹

假设二维坐标范围 $x \in [0, 100]$，$y \in [0, 50]$，从图中可以看出，实际运动轨迹并未呈现均匀分布状态，即节点的运动轨迹在仿真区域的中心位置分布较为密集，而运动节点在仿真范围的边缘位置分布较为稀疏。也就是说，节点的位置分布在仿真范围的中心概率大，在仿真范围的边缘概率小，这种现象也被称为 RWP 移动模型的密度波问题。因此，密度波问题对于 RWP 移动模型的影响不容忽视。

2. RD 移动模型

P. Nain 等人[9]为了改善随机 RWP 模型中出现的密度波现象，进而提出了 RD 移动模型。下面简单介绍 RD 移动模型的工作过程。在该模型中，运动节点首先选择一个随机方向 $D \in [0, \pi]$，随后节点会以某个特定的速度 $v' \in [v'_{min}, v'_{max}]$ 沿着这个方向一直运动下去，当运动节点到达仿真范围边界时，随机停留时间 $t'_{pause} \in [t'_{min}, t'_{max}]$，然后重新选择一个随机方向继续重复上述步骤，这称为一个周期。

图 3-3 为对 RD 移动模型使用 MATLAB 仿真 4000 次的轨迹图。

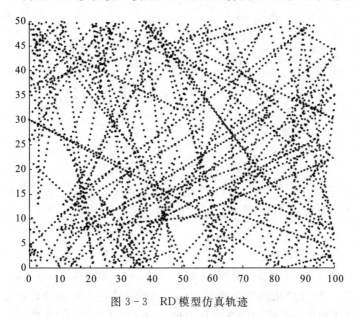

图 3-3　RD 模型仿真轨迹

仿真参数类似图 3-2 中的参数，从图 3-3 中可以看出 RD 移动模型中节点的位置分布也并非呈均匀分布，相较于 RWP 移动模型，RD 模型则有效缓解了节点位置集中分布的问题。但是该模型也存在一定缺陷，如中心区域位置分布概率过于稀疏，边际区域位置分布概率过于稠密。综上，RWP 移动模型和 RD 移动模型作为典型的节点运动模型，可以对移动状态下的网络特性进行有效的比对分析。

3.1.2　系统模型

1. VLC 系统模型

如图 3-4 所示为一个室内 VLC 传输系统。在圆形光照小区内包含一个 LED

发射机 Alice，一个合法用户 Bob 和一个窃听者 Eve。Eve 试图在 Alice 和 Bob 通信过程中窃取信息。LED 发射机被固定在高度为 L 的天花板上，且 LED 在地板上的映射坐标点位于半径为 R 的小区圆心处。Bob 和 Eve 分别装有一个光电探测器（Photodetector，PD）。

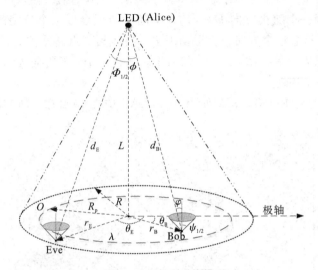

图 3-4　VLC 系统模型

　　一般 Bob 和 Eve 的 PD 端接收平面与天花板平行，也就是说设备接收方向角为常数。下面给出设备 k 的接收信号表达式：

$$y_k = h_k x + n_k \tag{3-1}$$

其中，$k \in [B, E]$，h_k 表示可见光信道增益，x 表示所传输的可见光信号，n_k 表示加性高斯白噪声（Addictive White Gaussian Noise，AWGN），$n_k \sim N(0, \sigma_k^2)$。为避免发光二极管 LED 出现截止失真效应，所传输的信号必须满足幅度限制，也就是说可见光通信系统的发光亮度还应满足对人眼无害的条件：

$$|x| \leqslant A, \ A \in \mathbf{R}^+ \tag{3-2}$$

　　本章所提出的室内 VLC 系统模型主要是基于极坐标系统 (r_k, θ_k) 搭建的，其中 r_k 为接收设备 k 到圆心的距离，θ_k 为接收设备 k 与极轴正方向的夹角。发射端 LED 到设备 k 的欧式距离 $\| d_k \| = \sqrt{L^2 + r_k^2}$。假设 Bob 在半径为 R 的圆 O 内作随机移动，移动模型服从随机路点（RWP）移动模型或随机方向（RD）移动模型，因此合法用户 Bob 的分布半径 $r_B (0 \leqslant r_B \leqslant R)$ 为一个随机变量。

　　为了尽可能提升室内 VLC 系统下移动用户 Bob 的安全性能，同时降低窃听者 Eve 窃取到合法消息的概率，本节将一种经典物理层安全增强策略运用在 VLC 系统中，即在光照小区 O 内部设置一个半径为 $R_p (R_p \in [0, R])$ 的安

全保护域 λ，且安全保护域与圆 O 互为同心圆。为防止 Eve 无限接近发射端 Alice 进而削弱系统的安全性能，人为地规定 Eve 无法进入安全保护域 λ 内部实施窃听行为，即保证半径 $r_E \in [R_p, R]$。同时假设 Eve 在环形区域 $O \backslash \lambda$ 内部服从随机均匀分布，其中符号"\"表示差集。

2. VLC 信道模型

室内 VLC 下行信道模型的垂直切面示意图如图 3-5 所示。通常 VLC 系统的下行信道由 LoS 链路和 NLoS 链路组成。

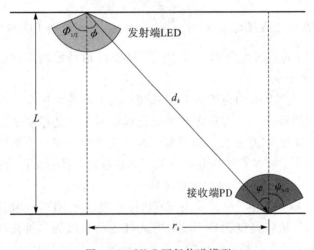

图 3-5　VLC 下行信道模型

需要指出的是，即使是最强的 NLoS 链路增益也要比最弱的 LoS 链路增益至少低 7 dB，这里讨论时，忽略 VLC 系统的非视距传输，假设 LED 采用广义朗伯辐射模式，VLC 视距链路的直流信道增益为

$$h_{\text{DC},k} = \frac{A_r(m+1)}{2\pi d_k^2} \cos^m(\phi) T_s(\varphi) g(\varphi) \cos(\varphi) \text{rect}\left(\frac{\varphi}{\psi_{1/2}}\right) \qquad (3-3)$$

其中，$\Phi_{1/2}$ 表示 LED 的半功率发射半角，A_r 表示 PD 光电探测器的物理大小，m 表示朗伯发射系数且 $m = -\ln 2/\ln[\cos(\Phi_{1/2})]$，$\phi$ 表示 LED 端的出射角，φ 表示 PD 端的入射角，$\psi_{1/2}$ 表示 PD 端视场角的半角。一般地，出射角、入射角、收发机之间的高度以及设备分布半径存在下列关系 $\cos(\phi) = \cos(\varphi) = L/\sqrt{L^2 + r_k^2}$。$T_s$ 表示光带通滤波器的增益，其值一般为 1。$g(\varphi)$ 表示非成像聚焦器的增益，且 $g(\varphi) = n^2/\sin^2(\psi_{1/2})$，其中 n 为 PD 端的折射系数。rect$(\cdot \mid \cdot)$ 表示矩形函数，则信道增益的有效范围是 $\varphi \leqslant \psi_{1/2}$。由于 Bob 和 Eve 的位置服从随机移动和随机分布，则其分布半径为变量，且接收方向为常量，因此可以对式(3-3)进行化简整合：

$$h_{DC,k} = C(L^2 + r_k^2)^{-\frac{1}{2a}} \qquad (3-4)$$

其中常量 $\alpha = \dfrac{1}{m+3}$，常量 $C = \dfrac{A_r(m+1)L^{m+1}T_s(\varphi)g(\varphi)}{2\pi}$。

3. 合法用户与窃听者的接收信噪比统计特征

本节主要推导 VLC 系统中 Bob 和 Eve 信噪比的统计特性，为随机移动下 VLC 物理层安全分析打下理论基础。下面给出了 VLC 系统中瞬时信噪比的表达式：

$$s = \mu h_{DC}^2 \qquad (3-5)$$

其中，VLC 的平均信噪比 $\mu = \dfrac{(\gamma P_{LED})^2}{N_0 B}$，$\gamma$ 表示接收端 PD 的光电响应率，P_{LED} 表示 LED 的传输光功率，N_0 表示 AWGN 信号的功率谱密度，B 表示 AWGN 信号的带宽。

对于合法用户 Bob 和窃听方 Eve 来说，以上设备的接收端均配备有宽视场角型光电探测器（PD），这意味着可见光视距链路总是存在于接收机的视场角内。为了获取到 VLC 系统信道增益的统计模型以及便于分析用户移动下的物理层安全，接下来本节对 Bob 以及 Eve 的信噪比统计特征进行推导。

1）合法用户 Bob 的信噪比统计特征

合法用户 Bob 的移动模式采用 RWP 移动模型和 RD 移动模型进行建模，假定用户节点的接收高度保持不变，因此其运动平面为二维拓扑，其运动速度、运动方向和目标点都是随机的。Bob 运动超过某个时间段将会进入稳态运动阶段，当 Bob 进入稳态阶段以后，可用稳态空间距离分布表达式来表示移动用户 Bob 与小区圆心的距离，如图 3-6 所示。

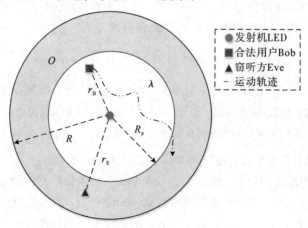

图 3-6　用户移动 VLC 系统（俯视图）

（1）RWP 移动模型下 Bob 的信噪比。

对于 RWP 移动模型来说，当用户节点运动范围是半径为 R 的圆时，E. Hyytia 等人推导出了运动半径为 r 的节点稳态空间距离分布公式[8]。下面给出其 PDF 的统计公式（以下简称 RWP - EH 模型）：

$$f_{\text{RWP-EH}}(r) = \sum_{i=1}^{j} \boldsymbol{V}_i \frac{r^{\boldsymbol{\chi}_i}}{R^{\boldsymbol{\chi}_i+1}}, \qquad 0 \leqslant r \leqslant R \qquad (3-6)$$

其中二维拓扑结构下 RWP 移动模型的参数设置为：$j=3$，$\boldsymbol{V}_i = [V_1, V_2, V_3] = [324, -420, 96]/73$，$\boldsymbol{\chi}_i = [x_1, x_2, x_3] = [1, 3, 5]$。除此之外，C. Bettstetter 等人[10]也对 RWP 移动模型进行了深入的研究，给出其稳态空间距离分布的 PDF 公式（以下简称 RWP - CB 模型）：

$$f_{\text{RWP-CB}}(r) = \frac{4r}{R^2} - \frac{4r^3}{R^4}, \qquad 0 \leqslant r \leqslant R \qquad (3-7)$$

如图 3 - 6 所示，合法用户 Bob 瞬时接收信噪比的最小值 s_{Bmin} 和最大值 s_{Bmax} 分别为

$$\begin{cases} s_{\text{Bmin}} = \mu C^2 (L^2 + R^2)^{-\frac{1}{\alpha}}, \ r_{\text{B}} = R \\ s_{\text{Bmax}} = \mu C^2 L^{-\frac{2}{\alpha}}, \ r_{\text{B}} = 0 \end{cases} \qquad (3-8)$$

结合公式（3 - 4）、公式（3 - 5）和公式（3 - 6），代入公式（3 - 8）中接收信噪比的最值，同时进行变量替换和整合，可得到 RWP - EH 模型下 Bob 瞬时信噪比 s 的 PDF 表达式：

$$f_{\text{RWP-EH}}(s) = \frac{6\alpha C^{2\alpha}}{73R^2} \left[M\mu^\alpha s^{-\alpha-1} - \left(\frac{35R^2 + 16L^2}{R^4} \right) \mu^{2\alpha} C^{2\alpha} s^{-2\alpha-1} + \frac{8\mu^{3\alpha} C^{4\alpha}}{R^4} s^{-3\alpha-1} \right]$$
$$(3-9)$$

其中 $M = 27 + \dfrac{35L^2}{R^2} + \dfrac{8L^4}{R^4}$。

由此得到 RWP - EH 模型下 Bob 信噪比的 CDF 表达式：

$$\begin{aligned} F_{\text{RWP-EH}}(s) &= \Pr\{s_{\text{vlc}} \leqslant s\} \\ &= \int_{s_{\text{Bmin}}}^{s} f_s(s)\, \mathrm{d}s \\ &= \frac{6}{73R^2} \left[Q - M\mu^\alpha C^{2\alpha} s^{-\alpha} + \left(\frac{35R^2 + 16L^2}{2R^4} \right) \mu^{2\alpha} C^{4\alpha} s^{-2\alpha} - \frac{8\mu^{3\alpha} C^{6\alpha}}{3R^4} s^{-3\alpha} \right] \end{aligned}$$
$$(3-10)$$

其中

$$Q = M(L^2 + R^2) - \frac{35}{2R^2}(L^2 + R^2)^2 + \frac{8}{3R^4}(L^2 + R^2)^3 - \frac{8L^2}{R^4}(L^2 + R^2)^2$$

47

与上述公式证明过程相类似,结合公式(3-4)、公式(3-5)、公式(3-7),代入公式(3-8)中信噪比的最值,对于 RWP-CB 运动模型下的 Bob 来说,推导出其瞬时信噪比的 PDF 公式为

$$f_{\text{RWP-CB}}(s) = \frac{2\alpha\mu^{\alpha}C^{2\alpha}}{R^4} \left[(R^2+L^2)s^{-\alpha-1} - \mu^{\alpha}C^{2\alpha}s^{-2\alpha-1} \right] \quad (3-11)$$

在 RWP-CB 模型下,Bob 瞬时信噪比的 CDF 公式为

$$F_{\text{RWP-CB}}(s) = \frac{1}{R^4} \left[(R^2+L^2)^2 - 2\mu^{\alpha}C^{2\alpha}(R^2+L^2)s^{-\alpha} + \mu^{2\alpha}C^{4\alpha}s^{-2\alpha} \right]$$

$$(3-12)$$

(2) RD 移动模型下 Bob 的信噪比分析。

P. Nain 等人在文献[9]中对二维拓扑圆内服从 RD 移动模型的用户进行了研究,最终得出 RD 移动模型下节点稳态空间距离分布等效于均匀分布的结论。下面给出 RD 移动模型的距离稳态公式:

$$f_{\text{RD}}(r) = \frac{2r}{R} \quad (3-13)$$

由此,结合公式(3-4)、公式(3-5)和公式(3-13),代入公式(3-8)中 Bob 接收信噪比的最值区间,同时进行变量替换和整合,可得到 RD 移动模型下 Bob 瞬时信噪比的 PDF 表达式为

$$f_{\text{RD}}(s) = \frac{\alpha C^{2\alpha}\mu^{\alpha}s^{-\alpha-1}}{R^2} \quad (3-14)$$

同理,RD 移动模型下 Bob 瞬时信噪比的 CDF 表达式为

$$F_{\text{RD}}(s) = \frac{L^2 + R^2 - \mu^{\alpha}C^{2\alpha}s^{-\alpha}}{R^2} \quad (3-15)$$

2) 窃听者 Eve 的信噪比统计特征

一般情况下,窃听者 Eve 总是刻意隐藏自己的行动轨迹并时刻保持被动偷听,防止被基站发现,本节我们假设 Eve 在 $O\backslash\lambda$ 的环形区域内服从随机均匀分布,如图 3-6 所示。因此,可得到窃听者 Eve 瞬时接收信噪比的最小值 s_{Emin} 和最大值 s_{Emax} 分别为

$$\begin{cases} s_{\text{Emin}} = \mu C^2(L^2+R^2)^{-\frac{1}{\alpha}}, & r_{\text{E}} = R \\ s_{\text{Emax}} = \mu C^2(L^2+R_{\text{p}}^2)^{-\frac{1}{\alpha}}, & r_{\text{E}} = R_{\text{p}} \end{cases} \quad (3-16)$$

与公式(3-9)推导步骤相似,可以得到 Eve 瞬时信噪比 s_{E} 的 PDF 表达式:

$$f_{s_{\text{E}}}(s) = \frac{\alpha\mu^{\alpha}C^{2\alpha}}{R^2 - R_{\text{p}}^2}s^{-\alpha-1} \quad (3-17)$$

48

Eve 瞬时信噪比 s_E 的 CDF 表达式：

$$F_{s_E}(s) = \frac{L^2 + R^2 - \mu^a C^{2a} s^{-a}}{R^2 - R_p^2}$$ (3 - 18)

3.1.3　随机路点移动模型下可见光通信系统的安全

本节首先根据上一节所推导的 Bob 和 Eve 的信噪比统计公式，重点探讨了 Bob 分别在 RWP - EH、RWP - CB 移动模型下 VLC 系统的物理层安全性能，如 Bob 在暂停时间等于零的条件下 VLC 系统的非零安全容量概率、安全中断概率以及有效安全吞吐量的闭式表达式。

下面，对用户 Bob 在 RWP - EH 以及 RWP - CB 移动模型下的 VLC 物理层安全进行理论推导。通常情况下为了便于研究，假定 Alice 可获取到 Eve 的完美 CSI。

推论 3.1.3.1　对于 RWP - EH 移动模型下的合法用户 Bob 来说，窃听方 Eve 在环形区域 $O\backslash\lambda$ 内服从均匀分布，VLC 系统的非零安全容量概率 P_{NSC} 可以表示为

$$P_{NSC}^{RWP\text{-}EH} = 1 - \frac{6}{73R^2(R^2 - R_p^2)}\left(-Q\zeta_1 + \frac{M}{2}\zeta_2 - \frac{35R^2 + 16L^2}{6R^4}\zeta_3 + \frac{2}{3R^4}\zeta_4\right)$$

(3 - 19a)

其中 ζ_1、ζ_2、ζ_3、ζ_4 可以表示为

$$\xi_1 = (L^2 + R_p^2) - (L^2 + R^2)$$ (3 - 19b)

$$\xi_2 = (L^2 + R_p^2)^2 - (L^2 + R^2)^2$$ (3 - 19c)

$$\xi_3 = (L^2 + R_p^2)^3 - (L^2 + R^2)^3$$ (3 - 19d)

$$\xi_4 = (L^2 + R_p^2)^4 - (L^2 + R^2)^4$$ (3 - 19e)

证明　非零安全容量概率的定义式为

$$P_{NSC} = \Pr\{C_S > 0\}$$

$$= \Pr\left\{\frac{1}{2}\text{lb}(1 + s_B) - \frac{1}{2}\text{lb}(1 + s_E) > 0\right\}$$

$$= \Pr\{s_B > s_E\}$$ (3 - 20)

根据概率互补原则 $\Pr\{A > B\} = 1 - \Pr\{A \leqslant B\}$，公式(3 - 20)化简成

$$P_{NSC} = 1 - P\{s_B \leqslant s_E\}$$

$$= 1 - \int_{s_{Emin}}^{s_{Emax}} F_{RWP\text{-}EH}(s) f_{s_E}(s)\,ds$$ (3 - 21)

将公式(3 - 10)、公式(3 - 17)代入公式(3 - 21)当中，计算定积分可以得到

$$P_{\text{NSC}}^{\text{RWP-EH}} = 1 - \frac{6}{73R^2(R^2 - R_p^2)} \left\{ Q(R^2 - R_p^2) + \frac{M}{2} \left[(L^2 + R_p^2)^2 - (L^2 + R^2)^2 \right] - \right.$$

$$\frac{35R^2 + 16L^2}{6R^4} \left[(L^2 + R_p^2)^3 - (L^2 + R^2)^3 \right] +$$

$$\left. \frac{2}{3R^4} \left[(L^2 + R_p^2)^4 - (L^2 + R^2)^4 \right] \right\} \qquad (3-22)$$

合并同类项，得

$$P_{\text{NSC}}^{\text{RWP-EH}} = 1 - \frac{6}{73R^2(R^2 - R_p^2)} \left(-Q\zeta_1 + \frac{M}{2}\zeta_2 - \frac{35R^2 + 16L^2}{6R^4}\zeta_3 + \frac{2}{3R^4}\zeta_4 \right)$$

$$(3-23)$$

推论 3.1.3.1 证毕。

推论 3.1.3.2 对于 RWP-EH 移动模型下的合法用户 Bob 来说，窃听方 Eve 在环形区域 $O\backslash\lambda$ 内服从均匀分布，VLC 系统的安全中断概率 P_{so} 可以表示为

$$P_{\text{so-Low}}^{\text{RWP-EH}} = \frac{6}{73R^2(R^2 - R_p^2)} \left[-Q\xi_1 + 2^{-2aR_{\text{th}}-1}M\xi_2 - \frac{2^{-4aR_{\text{th}}}(35R^2 + 16L^2)}{6R^4}\xi_3 + \frac{2^{1-6aR_{\text{th}}}}{3R^4}\xi_4 \right]$$

$$(3-24)$$

证明 已知安全中断概率的定义式

$$P_{\text{so}} = \Pr\{C_S \leqslant R_{\text{th}}\}$$

$$= \Pr\left\{ \frac{1}{2}\text{lb}(1 + s_B) - \frac{1}{2}\text{lb}(1 + s_E) \leqslant R_{\text{th}} \right\}$$

$$= \Pr\left\{ \frac{1}{2}\text{lb}\left(\frac{1 + s_B}{1 + s_E} \right) \leqslant R_{\text{th}} \right\} = \Pr\left\{ \frac{1 + s_B}{1 + s_E} \leqslant 2^{2R_{\text{th}}} \right\}$$

$$= \Pr\{ s_B \leqslant 2^{2R_{\text{th}}}(1 + s_E) - 1 \} \qquad (3-25)$$

为了简化推导，令 $a = 2^{2R_{\text{th}}}$，$b = a - 1$，则公式(3-25)可化简成

$$P_{\text{so}}^{\text{RWP-EH}} = \Pr\{ s_B \leqslant as_E + b \}$$

$$= \int_{s_{\text{Emin}}}^{s_{\text{Emax}}} \int_{s_{\text{Bmin}}}^{as+b} f_{\text{RWP-EH}}(x) f_{s_E}(y) \, dx \, dy$$

$$= \int_{s_{\text{Emin}}}^{s_{\text{Emax}}} F_{\text{RWP-EH}}(as + b) f_{s_E}(s) \, ds \qquad (3-26)$$

将公式(3-17)代入公式(3-26)，得

$$P_{\text{so}}^{\text{RWP-EH}} = \frac{\alpha C^{2a} \mu^{\alpha}}{R^2 - R_p^2} \int_{s_{\text{Emin}}}^{s_{\text{Emax}}} F_{\text{RWP-EH}}(as + b) s^{-\alpha-1} \, ds \qquad (3-27)$$

可以看到安全中断概率表达式中含有复杂的二项式积分项，不易求其闭式表达式，所以改为推导其下限值 $P_{\text{so-Low}}^{\text{RWP-EH}}$，有

$$P_{\text{so-Low}}^{\text{RWP-EH}} \overset{\text{def}}{=\!=\!=} \Pr(s_B \leqslant as_E) \leqslant P_{\text{so}}^{\text{RWP-EH}} = P(s_B \leqslant as_E + b) \quad (3-28)$$

接下来，将不等号左侧的公式展开，得到

$$P_{\text{so-Low}}^{\text{RWP-EH}} \overset{\text{def}}{=\!=\!=} \Pr\{s_B \leqslant as_E\} = \int_{s_{\text{Emin}}}^{s_{\text{Emax}}} \int_{s_{\text{Bmin}}}^{as} f_{\text{RWP-EH}}(x) f_{s_E}(y) \mathrm{d}x\,\mathrm{d}y$$

$$= \int_{s_{\text{Emin}}}^{s_{\text{Emax}}} F_{\text{RWP-EH}}(as) f_{s_E}(s) \mathrm{d}s \quad (3-29)$$

随后代入公式(3-10)和公式(3-17)，得

$$P_{\text{so-Low}}^{\text{RWP-EH}} = \frac{6}{73R^2(R^2-R_{\text{p}}^2)} \left\{ Q(R^2-R_{\text{p}}^2) + \frac{Ma^{-\alpha}}{2} \left[(L^2+R_{\text{p}}^2)^2 - (L^2+R^2)^2\right] - \right.$$

$$\frac{a^{-2\alpha}}{3} \left(\frac{35}{2R^2} + \frac{8L^2}{R^4}\right) \left[(L^2+R_{\text{p}}^2)^3 - (L^2+R^2)^3\right] +$$

$$\left. \frac{2a^{-3\alpha}}{3R^4} \left[(L^2+R_{\text{p}}^2)^4 - (L^2+R^2)^4\right] \right\} \quad (3-30)$$

合并同类项可得

$$P_{\text{so-Low}}^{\text{RWP-EH}} = \frac{6}{73R^2(R^2-R_{\text{p}}^2)} \times$$

$$\left[-Q\xi_1 + 2^{-2aR_{\text{th}}-1} M\xi_2 - \frac{2^{-4aR_{\text{th}}}(35R^2+16L^2)}{6R^4}\xi_3 + \frac{2^{1-6aR_{\text{th}}}}{3R^4}\xi_4 \right] \quad (3-31)$$

推论 3.1.3.2 证毕。

为了更加准确地描述用户移动下 VLC 系统的安全性能，本小节主要对有效安全吞吐量(EST)进行理论推导。

推论 3.1.3.3　对于 RWP-EH 移动模型下的合法用户 Bob 来说，窃听方 Eve 在环形区域 $O\backslash\lambda$ 内服从均匀分布，VLC 系统的有效安全吞吐量 EST 可以表示为

$$\text{EST}^{\text{RWP-EH}} = R_{\text{th}} - \frac{6R_{\text{th}}}{73R^2(R^2-R_{\text{p}}^2)}$$

$$\left[-Q\xi_1 + 2^{-2aR_{\text{th}}-1} M\xi_2 - \frac{2^{-4aR_{\text{th}}-1}(35R^2+16L^2)}{3R^4}\xi_3 + \frac{2^{1-6aR_{\text{th}}}}{3R^4}\xi_4 \right] \quad (3-32)$$

证明　已知有效安全吞吐量 EST 的定义式

$$\text{EST} = R_{\text{th}} \times [1 - P_{\text{so}}(R_{\text{th}})] \quad (3-33)$$

将已推得的公式(3-24)代入公式(3-33)中，即可得到公式(3-32)，推论

51

3.1.3.3 证毕。

接下来,我们对 Bob 在 RWP – CB 移动模型下 VLC 系统的物理层安全性能进行理论推导。

推论 3.1.3.4 对于 RWP – CB 移动模型下的合法用户 Bob 来说,窃听方 Eve 在环形区域 $O\backslash\lambda$ 内服从均匀分布,VLC 系统的非零安全容量概率 P_{NSC} 可以表示为

$$P_{NSC}^{RWP\text{-}CB}=1-\frac{1}{R^4(R^2-R_p^2)}\left[-\zeta_1(R^2+L^2)^2+\zeta_2(R^2+L^2)-\frac{\zeta_3}{3}\right] \quad (3-34)$$

证明

$$P_{NSC}^{RWP\text{-}CB}=\Pr\left\{\frac{1}{2}lb\left(\frac{1+s_B}{1+s_E}\right)>0\right\}$$

$$=\Pr\{s_B>s_E\}$$

$$=1-\Pr\{s_B\leqslant s_E\}$$

$$=1-\int_{s_{Emin}}^{s_{Emax}}\int_{s_{Bmin}}^{s}f_{RWP\text{-}CB}(s)f_{s_E}(s)\,ds$$

$$=1-\int_{s_{Emin}}^{s_{Emax}}F_{RWP\text{-}CB}(s)f_{s_E}(s)\,ds \quad (3-35)$$

随后将 RWP – CB 移动模型下 Bob 信噪比的统计特性公式(3 – 12)和 Eve 的信噪比统计公式(3 – 17)代入公式(3 – 35)中,计算定积分可得

$$P_{NSC}^{RWP\text{-}CB}=1-\frac{1}{R^4(R^2-R_p^2)}\{(R^2+L^2)^2(R^2-R_p^2)$$

$$+(R^2+L^2)[(L^2+R_p^2)^2-(L^2+R^2)^2]$$

$$-\frac{1}{3}[(L^2+R_p^2)^3-(L^2+R^2)^3]\} \quad (3-36)$$

经过合并同类项整理可得

$$P_{NSC}^{RWP\text{-}CB}=1-\frac{1}{R^4(R^2-R_p^2)}\left[-\zeta_1(R^2+L^2)^2+\zeta_2(R^2+L^2)-\frac{\zeta_3}{3}\right]$$
$$(3-37)$$

推论 3.1.3.4 证毕。

推论 3.1.3.5 对于 RWP – CB 移动模型下的合法用户 Bob 来说,窃听方 Eve 在环形区域 $O\backslash\lambda$ 内服从均匀分布,VLC 系统的安全中断概率 P_{so} 可以表示为

$$P_{so\text{-}Low}^{RWP\text{-}CB}=\frac{1}{R^4(R^2-R_p^2)}\left[-\zeta_1(R^2+L^2)^2+\zeta_2 2^{-2\alpha R_{th}}(R^2+L^2)-\frac{2^{-4\alpha R_{th}}\zeta_3}{3}\right]$$
$$(3-38)$$

证明 已知安全中断概率的定义式

$$P_{\text{so-Low}}^{\text{RWP-CB}} \overset{\text{def}}{=\!=} \Pr\{s_{\text{B}} \leqslant as_{\text{E}}\}$$

$$= \int_{s_{\text{Emin}}}^{s_{\text{Emax}}} \int_{s_{\text{Bmin}}}^{as} f_{\text{RWP-CB}}(x) f_{s_{\text{E}}}(y) \,\mathrm{d}x\,\mathrm{d}y$$

$$= \int_{s_{\text{Emin}}}^{s_{\text{Emax}}} F_{\text{RWP-CB}}(as) f_{s_{\text{E}}}(s) \,\mathrm{d}s \qquad (3-39)$$

将 RWP‑CB 移动模型下 Bob 信噪比的 PDF 统计公式(3‑12)和 Eve 的信噪比统计公式(3‑17)代入公式(3‑39)中,计算定积分可以求得

$$P_{\text{so-Low}}^{\text{RWP-CB}} = \frac{1}{R^4(R^2-R_{\text{p}}^2)}\Big\{(R^2+L^2)^2(R^2-R_{\text{p}}^2)+a^{-\alpha}(R^2+L^2)\times$$

$$\Big[(L^2+R_{\text{p}}^2)^2-(L^2+R^2)^2\Big]-\frac{a^{-2\alpha}}{3}\Big[(L^2+R_{\text{p}}^2)^3-(L^2+R^2)^3\Big]\Big\}$$

$$(3-40)$$

合并同类项可得

$$P_{\text{so-Low}}^{\text{RWP-CB}} = \frac{1}{R^4(R^2-R_{\text{p}}^2)}\Big[-\zeta_1(R^2+L^2)^2+\zeta_2 2^{-2aR_{\text{th}}}(R^2+L^2)-\frac{2^{-4aR_{\text{th}}}\zeta_3}{3}\Big]$$

$$(3-41)$$

推论 3.1.3.5 证毕。

推论 3.1.3.6　对于 RWP‑CB 移动模型下的合法用户 Bob 来说,窃听方 Eve 在环形区域 $O\backslash\lambda$ 内服从均匀分布,VLC 系统的有效安全吞吐量 EST 可以表示为

$$\text{EST}^{\text{RWP-CB}} = R_{\text{th}} - \frac{R_{\text{th}}}{R^4(R^2-R_{\text{p}}^2)}\Big[-\zeta_1(R^2+L^2)^2+\zeta_2 2^{-2aR_{\text{th}}}(R^2+L^2)-\frac{2^{-4aR_{\text{th}}}\zeta_3}{3}\Big]$$

$$(3-42)$$

证明　将已推导的 RWP‑CB 移动模型下系统的安全中断概率公式代入公式(3‑33)中,可得公式(3‑42),推论 3.1.3.6 证毕。

3.1.4　随机方向移动模型下可见光通信系统的安全

本小节研究移动用户 Bob 服从 RD 移动模型时,VLC 系统的物理层安全性能。

推论 3.1.4.1　对于 RD 移动模型下的合法用户 Bob 来说,窃听方 Eve 在环形区域 $O\backslash\lambda$ 内服从均匀分布,VLC 系统的非零安全容量概率 P_{NSC} 可以表示为

$$P_{\text{NSC}}^{\text{RD}} = 1 - \frac{1}{R^2(R^2-R_{\text{p}}^2)}\Big[-\zeta_1(L^2+R^2)+\frac{\zeta_2}{2}\Big] \qquad (3-43)$$

证明　证明过程类似推论 3.1.3.4。

推论 3.1.4.2　对于 RD 移动模型下的合法用户 Bob 来说,窃听方 Eve 在环形区域 $O\backslash\lambda$ 内服从均匀分布,VLC 系统的安全中断概率 P_{so} 可以表示为

$$P_{\text{so-Low}}^{\text{RD}} = \frac{1}{R^2(R^2-R_{\text{p}}^2)}\left[-\zeta_1(L^2+R^2)+2^{-2aR_{\text{th}}-1}\zeta_2\right] \quad (3-44)$$

证明 证明过程类似推论 3.1.3.5。

推论 3.1.4.3 对于 RD 移动模型下的合法用户 Bob 来说，窃听方 Eve 在环形区域 $O\backslash\lambda$ 内服从均匀分布，VLC 系统的有效安全吞吐量 EST 可以表示为

$$\text{EST}^{\text{RD}} = R_{\text{th}} - \frac{R_{\text{th}}}{R^2(R^2-R_{\text{p}}^2)}\left[-\zeta_1(L^2+R^2)+2^{-2aR_{\text{th}}-1}\zeta_2\right] \quad (3-45)$$

证明 证明过程类似推论 3.1.3.6。

需要注意的是，上述移动用户 VLC 系统的物理层安全分析仅针对用户节点暂停时间 $t_{\text{p}}=0$ 的理想情形。在现实的通信场景中，室内用户在移动中有可能会发生以下行为：用户在移动过程中已到达某个地点然后进行逗留，并一直保持静止状态；用户行走到某个地点之后停留片刻并继续移动下去。针对室内 VLC 短距离通信复杂多变的情况，本节假设 RWP-CB 模型下用户在移动中的暂停时间 $t_{\text{p}}\neq0$，然后对 VLC 系统的安全中断概率进行理论分析。由文献[58]可知，Bob 运动时间的期望为

$$E\{t_{\text{m}}\} = \frac{\ln k}{k-1}\times\frac{E\{L\}}{v_{\text{Bmin}}} \quad (3-46)$$

其中 $E\{L\}$ 表示运动距离的期望值，针对本节所研究的光照区域为圆形二维拓扑的结构，存在 $E\{L\}=0.9054R^{[9]}$。进一步地，本节假设移动用户 Bob 在室内的移动速率 v_{B}(m/s) 在区间 $[v_{\text{Bmin}}, v_{\text{Bmax}}]$ 内服从均匀分布，令 $k=v_{\text{Bmax}}/v_{\text{Bmin}}$ 表示 Bob 移动速率的最大值与最小值的比例系数。已知一个节点移动周期总时间分为运动时间 t_{m} 和暂停时间 t_{p}，可表示为

$$t_{\text{total}} = t_{\text{m}} + t_{\text{p}} \quad (3-47)$$

根据随机变量的线性相加的性质，得到

$$E\{t_{\text{total}}\} = E\{t_{\text{m}}\} + E\{t_{\text{p}}\} \quad (3-48)$$

其中 $E\{t_{\text{p}}\}$ 为节点暂停时间的期望值，暂停时间 $t_{\text{p}}\neq0$ 时节点的暂停概率 P_{pause} 可表示为

$$P_{\text{pause}} = \frac{E\{t_{\text{p}}\}}{E\{t_{\text{total}}\}} = \frac{E\{t_{\text{p}}\}}{E\{t_{\text{p}}\}+E\{t_{\text{m}}\}} \quad (3-49)$$

将公式(3-46)代入到公式(3-49)中，得到

$$P_{\text{pause}} = \frac{1}{1+\dfrac{0.9054R\ln k}{(k-1)v_{\text{Bmin}}E\{t_{\text{p}}\}}} \quad (3-50)$$

由文献[11]已知存在下列关系：

$$P_{so,\ t_p \neq 0}^{RWP\text{-}CB} = P_{pause} P_{so}^{RD}(R_{th}) + P_{move} P_{so}^{RWP\text{-}CB}(R_{th}) \tag{3-51}$$

其中 P_{move} 为 Bob 的移动概率，存在

$$P_{move} = 1 - P_{pause} \tag{3-52}$$

将公式(3-38)、公式(3-44)、公式(3-50)以及公式(3-52)代入公式(3-51)中，可得

$$
\begin{aligned}
P_{so,\ t_p \neq 0}^{RWP\text{-}CB} &= P_{pause} P_{so}^{RD}(R_{th}) + P_{move} P_{so}^{RWP\text{-}CB}(R_{th}) \\
&= \frac{\delta}{R^2(\delta+\tau)(R^2-R_p^2)}\left[-\zeta_1(L^2+R^2)+2^{-2aR_{th}-1}\zeta_2\right] + \\
&\quad \frac{\tau}{R^4(\delta+\tau)(R^2-R_p^2)} \times \\
&\quad \left[-\zeta_1(R^2+L^2)^2+\zeta_2 2^{-2aR_{th}}(R^2+L^2)-\frac{2^{-4aR_{th}}\zeta_3}{3}\right]
\end{aligned}
\tag{3-53}
$$

其中参数 $\delta=(k-1)v_{Bmin}E\{t_p\}$，$\tau=0.9054R\ln k$，将式(3-53)进行通分及合并同类项，得

$$
P_{so,\ t_p \neq 0}^{RWP\text{-}CB} = \frac{\left[-(L^2+R^2)(\delta R^2+\tau)\zeta_1+2^{-2aR_{th}}\left(\dfrac{\delta R^2}{2}+R^2+L^2\right)\zeta_2-\dfrac{2^{-4aR_{th}}\zeta_3}{3}\right]}{R^4(\delta+\tau)(R^2-R_p^2)}
$$

$$\tag{3-54}$$

3.1.5　实验与结果分析

本小节对用户移动下 VLC 系统的安全性能进行数值仿真分析。一般地，设室内的房间长宽高为 10 m×10 m×3 m，合法用户 Bob 在圆形光照小区内的移动速度 $v_{Bmin}=0.5$ m/s 和 $v_{Bmax}=1$ m/s，其他仿真参数值如表 3-1 所示。

表 3-1　仿真所用参数值

主要参数	数学符号	仿真取值
LED 半功率发光半角	$\Phi_{1/2}$	60°
LED 发射光功率	P_{LED}	1 W
PD 表面积大小	A_r	1 cm²
光带通滤波器增益	T_s	1
PD 折射系数	n	1.5
PD 光电转换率	R_{oe}	0.54 A/W
PD 视场半角	$\psi_{1/2}$	60°
AWGN 功率	σ_n^2	5×10^{-14} W

图 3 - 7 显示了当 Eve 在保护域外均匀分布时，Bob 服从 RWP - EH、RWP - CB 以及 RD 移动模型下 VLC 系统的非零安全容量概率曲线。可以看出，理论结果和仿真结果拟合效果较好，并且随着保护域半径的增大，VLC 系统的非零安全容量概率也将增大，系统的安全性能得到改善。这是因为增大保护域半径使 Eve 的位置逐渐远离 LED 发射机，Eve 的瞬时信噪比减小，增大了系统的安全容量，所以系统的非零安全容量概率增大，系统的安全性能得到了增强。

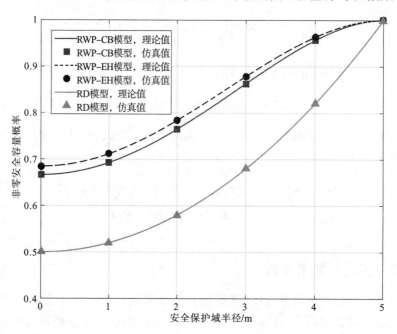

图 3 - 7   不同移动模型下 VLC 系统的非零安全容量概率曲线

图 3 - 8 显示了 Eve 在保护域外均匀分布时，Bob 服从 RWP - EII、RWP CB 以及 RD 模型下 VLC 系统的安全中断概率曲线。可以看出理论结果和仿真结果较为拟合，随着安全保护域半径的增大，VLC 系统的安全中断概率逐渐减小。这是由于安全保护域半径增大后，Eve 的位置分布逐渐远离了 LED 发射机，其接收信噪比相应降低，合法信道与窃听信道之间的差异被扩大，因此改善了 VLC 系统安全性能。

图 3 - 9 对 Bob 服从 RWP - EH、RWP - CB 以及 RD 模型下 VLC 系统的安全吞吐量进行了仿真分析。可以看出 RWP - EH 模型的有效安全吞吐量大于 RWP - CB 模型以及 RD 模型，随着理论安全速率的增大，系统的有效安全吞吐量先增大后减小。原因在于：随着理论安全速率的增加，VLC 系统的安全中断概率增大，此时有效安全吞吐量的增长趋势主要取决于理论安全速率，有

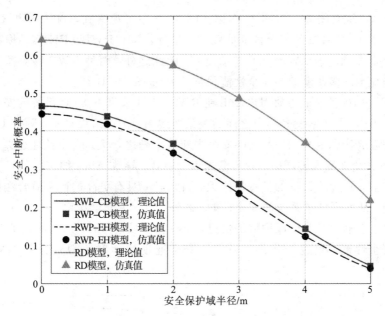

图 3-8　不同移动模型下 VLC 系统的安全中断概率曲线

效安全吞吐量呈现上升的趋势；当理论安全速率增大到一定程度，如图 3-9 中的曲线出现拐点时，安全中断概率呈指数级增大，$1-P_{so}$ 呈指数级减小，因此有效安全吞吐量下降。

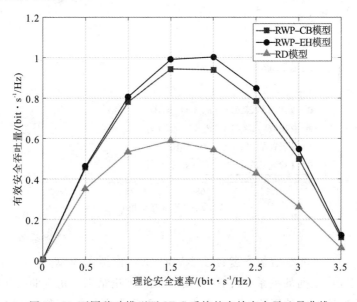

图 3-9　不同移动模型下 VLC 系统的有效安全吞吐量曲线

　　此外，综合图 3-7、图 3-8 以及图 3-9 还可观察到，两种不同 RWP 移动模型下 VLC 系统的安全性能曲线较为接近，其中 RWP-EH 移动模型下用户的安全性能优于 RWP-CB 移动模型。除此之外，两种 RWP 移动模型的安全性能比 RD 移动模型的安全性能优化了大约 13%～18%。

　　图 3-10 表示了移动用户 Bob 在 RWP-EH 模型下 VLC 系统的安全中断概率和 LED 半功率发光半角之间的关系曲线图。仿真结果显示：随着 LED 的半功率发光半角的增大，系统的安全中断概率随之增大，安全性能变差。因为 LED 发光角度变大的同时，其传输光束会展宽，导致 Alice 加密的信息更容易泄露出去，并造成 Eve 的信噪比增大，因此 Eve 具有更高的概率对合法信道进行偷听，从而降低了系统的安全性能。此外，当理论安全速率为 1 bit·s^{-1}/Hz 时，相比于不设置安全保护域的情况，设有保护域的 VLC 系统优化了 18% 左右的安全性能。更进一步地，当理论安全速度增大时，VLC 系统的安全性降低。

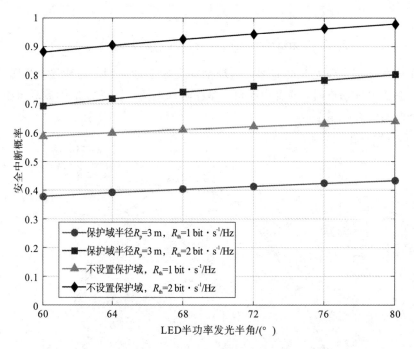

图 3-10　RWP-EH 模型下安全中断概率与 LED 半功率发光半角曲线

　　图 3-11 通过数值仿真验证了 RWP-EH 模型下 VLC 安全中断概率和 LED 安装高度之间的关系。从图中可以看出，理论结果与仿真曲线相拟合，从而验证了理论推导的正确性。一方面，VLC 系统的安全性随着保护域半径的

增大得到了改善；另一方面，增大 LED 发射机的安装高度，安全中断概率增大，系统安全性能降低。这是因为 LED 的高度增大，使得 Alice 和 Bob 之间的欧氏距离增大，导致 Bob 的接收信号强度减弱，LED 的光照范围随之变大，因此在通信过程中系统更容易发生中断，从而降低了系统的安全性能。

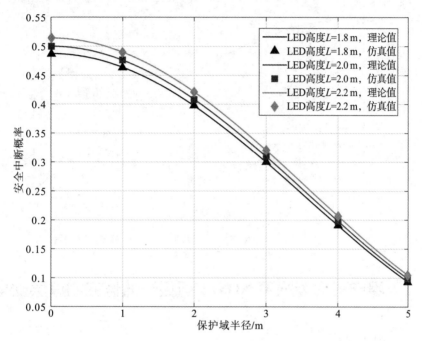

图 3 - 11　RWP - EH 模型下安全中断概率与 LED 安装高度曲线

图 3 - 12 显示了 Bob 服从 RWP - CB 移动模型时，系统的安全中断概率与暂停时间之间的变化曲线。首先，随着安全保护域半径的增大，系统的安全中断概率逐渐降低，在前面已经证明，这里不再赘述。其次，随着 Bob 暂停时间的增长，系统安全中断概率逐渐增大。原因在于暂停时间决定着系统的稳定性：暂停时间越长，用户 Bob 越趋近于静止态，信道的变化就越慢，Eve 也越容易听到合法消息；暂停时间越短，Bob 位置的不确定性越大，合法信道变化就越迅速，Eve 也越不容易窃听到合法消息，因此系统的安全性能得到了改善。

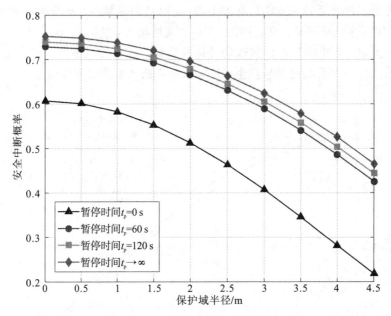

图 3-12 RWP-CB 模型下安全中断概率和用户暂停时间曲线

3.2 用户移动情况下 NOMA 可见光通信的物理层安全

3.2.1 引言

可见光通信和 NOMA 作为后 5G 时代的关键技术,在世界范围内引起了广泛关注。一方面,基于 LED 的可见光通信[12-13]可利用现有照明基础设施来同时实现照明和高速数据通信,以补充或扩展现有的 RF 通信网络。VLC 可应用于用户高密集分布场景,如室内的商场、展览厅或会议厅、火车站或机场候车室,以及室外的智能交通[14]和 V2X 通信。因此 VLC 支持大规模互联和高速低延迟通信,而这正是后 5G 时代通信的需求[15]。另一方面,NOMA[16]能使用相同的频率或时隙资源服务多个用户,并在功率域中将多个用户加以区分,因此 NOMA 具有支持大规模互联的固有性质。另外,与传统的正交多址技术相比,NOMA 具有频谱效率高、传输时延低等优点[17]。

近年来,物理层安全技术作为传统加密技术的一种很有前途的替代和补充[18-20],得到了学术界和工业界科学家的广泛关注。物理层安全技术利用无线信道的多样性和差异性,以独特的"指纹"标记每个信道,包括合法信道和窃听信道。物理层安全技术充分利用信道差异来区分用户，防止合法用户被窃听用户窃听，直接保证了信息在物理层的安全传输。

1. 相关工作

在过去几年中，基于 NOMA 的 VLC 网络受到了广泛关注。相较于 RF 网络，NOMA 更适合 VLC 网络，这是因为：

（1）NOMA 在高 SNR 环境中的表现更好[21]。高 SNR 是 VLC 系统固有的特点，因为通信是基于 LED 照明基础设施进行的，为达到一定的调光水平，需要高功率。另外，LED 发射机与光电探测器接收机之间的传输相对较短，且主要是 LoS 传输路径，这就使得 VLC 系统具有较高的信噪比。

（2）无线信道的广播特性使得 VLC 能够容纳大量的用户，而 NOMA 能够有效地复用多个用户。

（3）LED 的半功角和 PD 的 FoV 对提高 VLC 系统性能起着重要作用。这两个参数可以用来调整用户之间的信道差异，这对于 NOMA 执行 SIC 至关重要。

基于 NOMA 的 VLC 网络已经得到了广泛的研究。考虑用户公平和光强度约束，文献[22]提出了吞吐量总和最大化问题。为了提高 NOMA – VLC 网络的可达吞吐量，文献[21]提出了一种增益比功率管理方法。文献[23]对光学 NOMA – VLC 网络进行了详细回顾，提出了设计和实现该网络面临的潜在的机遇、挑战和开放的研究问题。文献[24]在具有多个光小区的 VLC 网络中，提出了时间切片 NOMA 方法来解决多用户间干扰问题。对于无人机（Unmanned Aerial Vehicle，UAV）辅助的 VLC – NOMA 网络[25]，通过联合优化 NOMA 分配功率分配和无人机位置，最大限度地提高了网络吞吐量。

近五年来，VLC 网络的物理层安全也引起了人们的研究兴趣。通常采用波束成形[26-27]、预编码[28-29]、人工光干扰[30]和基于极性码的安全编码[31]等信号处理技术来提高 VLC 的安全性能。考虑所采用的数学工具，文献[1]利用随机几何理论推导了用户随机分布于房间时系统的平均安全容量。优化理论也可用于提高 VLC 系统的安全性能，而且能同时满足各种约束条件，如 LED 光功率约束[32]、减少眼睛损伤的峰值功率约束[26]以及光能收集和调光控制约束[27]。大多数关于 VLC 网络的物理层安全研究是针对外部恶意窃听者展开的[26-28]，还有一些研究集中在保密信息的传输上[29]。需要注意的是，上述文献只考虑了被动窃听者。近年来，外部恶意节点对 VLC 系统的主动和恶意攻击开始引起研究者的关注[33]。

Y. Zhang 等人[34]于 2016 年首次对 NOMA 网络的物理层安全进行了研究，他们发表的 NOMA 网络的物理层安全研究成果分析的是被外部恶意窃听者窃听或拦截 NOMA 用户的信息。不可信用户与合法 NOMA 用户之间的关系也受到了关注[35]。为了设计安全传输策略,文献[36]同时考虑了外部和内部窃听。至于所采用的数学工具,优化理论[34]、随机几何理论[37]和博弈论[38]均可用来分析 NOMA 系统的安全性能。至于所使用的信号处理技术,除了上述 VLC 网络的物理层安全技术外,还可以在 NOMA 系统的物理层安全研究中使用发射天线选择技术[39]。不像 VLC 系统中的物理层安全只关注下行通信,NOMA 系统中的物理层安全也可以应用于上行通信[40]。此外,NOMA 中的物理层安全适用于各种系统,如移动边缘计算网络[41]、无人机辅助通信[42-43]、超密集网络[44]。然而,由于光收发信机和光无线传输信道的特殊性,目前,NOMA 系统中物理层安全的研究大部分局限于射频通信领域,不能直接应用于 VLC 领域。

到目前为止,基于 NOMA 的 VLC 网络物理层安全的一些研究已经展开。对于多用户、多外部窃听的 NOMA-VLC 网络,文献[45]根据用户和窃听者的空间分布以及光无线信道的统计特性,推导了系统的 SOP,验证了 SOP 与光收发器的参数和窃听密度有关。对于两用户单外部窃听的下行 NOMA-VLC 网络,文献[46]部署了多个光收发器构成的可信中继,并通过安全波束成形设计来保证传输的安全性,结果表明最佳中继方案取决于中继的几何布局和数量。然而,到目前为止,基于 NOMA 的 VLC 网络中物理层安全的研究,只考虑了静态合法用户。

用户的移动性是无线通信的一个重要特征。截至 2022 年底,移动数据流量将达到 158 ZB(泽字节)[47-48],其中 80% 以上的移动数据流量发生在室内[49]。大量文献已经研究了用户移动对 VLC 网络性能的影响。例如,文献[50]从理论上研究了在移动接收机随机方位影响下 VLC 信道的统计特性,得出了误码率和中断概率等系统性能。在一系列实验测量的基础上,文献[51]提出了移动接收机的随机方向模型,并针对用户的 RWP 移动过程评估了光保真(Light Fidelity,LiFi)网络的切换率。文献[52]指出了用户运动服从 RWP 运动模式下 VLC 系统信噪比的统计特性。考虑用户移动的影响,文献[53]和[54]分别采用光线跟踪法和实验测量法对信道特性进行了建模。文献[55]研究了基于 NOMA 的 VLC 网络中移动用户(Mobile User,MU)速率约束下的发射功率分配问题。文献[56]设计了在用户移动性和业务动态变化的情况下,MU 与光接入点(Optical Access Point,OAP)之间的有效动态关联特征。文献[57]提出了无蜂窝小区 VLC 中 MU 与 OAP 动态关联的功率分配问题,并将其转化为网络效用最大化问题。虽然人们在研究用户移动方面做了很多工作,但到目前为止,还没有研究用户移动对 NOMA-VLC 网络物理层安全性能的影响。

2. 动机

迄今为止,用户移动情况下基于 NOMA 的 VLC 网络的物理层安全研究在公开文献中尚不多见。随着移动物联网的快速发展,无论是移动支付、移动社交网络还是移动办公,安全性都是 5G 及以上通信网络用户对密集分布场景的首要需求。因此,研究用户移动情况下基于 NOMA 的 VLC 网络的物理层安全具有重要意义。

由于 LED 发光角度的限制,用户可能移出某个光接入点的光照区域,而切换到其他光接入点。用户移动将导致 OAP 分配问题和用户与特定 OAP 关联问题,这属于资源分配问题。本节将这种资源分配问题转化为动态功率分配问题,即动态分配每个 OAP 的功率,并基于 NOMA 在每个 OAP 的关联用户之间动态分配发射功率。此外,考虑外部窃听,本节提出了安全通信和功率分配的联合优化问题,在每个光接入点的功率和光接入点基于 NOMA 分配给关联用户的功率的约束条件下,使网络和安全容量(Network Sum Secrecy Capacity,NSSC)达到最大。

本节研究了基于下行 NOMA 的室内可见光通信网络,该网络由多个部署在室内屋顶上的光接入点和多个在地板上移动的用户组成,每个室内光接入点覆盖一个光小区,在此范围内的移动用户与该光接入点基于 NOMA 进行可见光通信。在每个光小区的边缘,有一个窃听者 Eve 伺机窃听该光接入点发送给与其相关联的合法移动用户的信息,假定合法用户和 Eve 均配备单个 PD 接收机,并且 PD 接收机的视场足够大,能够接收到 LED 发光角度范围内的所有信号。对于每个 OAP,假设与该 OAP 相关联的 MU 的 CSI 是完全已知的。一般来说,该 CSI 可以通过在 MU 侧进行信道估计获得,并且可以通过上行红外信道将其反馈给相应的 OAP。由于 Eve 在每个光小区的边界进行窃听,并且 Eve 与 Eve 所属 OAP 在地面上的投影之间的距离保持不变,因此 OAP 与 Eve 之间的传播距离可以预先知道。进而根据可见光信道和光收发信机的特性,可以获得 Eve 的瞬时 CSI。注意,一般来说,我们可以假设 Eve 是静态的或在每个光小区的边界移动。例如,光小区的边界可以认为是 Eve 不能进入的保护区的边界,并且 Eve 只有位于保护区的边界才能最大程度地窃听该光小区内 OAP 传输到 MU 的消息。类似的假设见文献[58]。这可能需要对 NOMA 合法用户进行身份验证和授权,然而这不是本节工作的重点,将在未来讨论。在本节的工作中,每个 OAP 通过 NOMA 方式对与其相关联的 MU 进行服务,与一个 OAP 相关联的所有 MU 的信号在该 OAP 处进行叠加编码,并且在 MU 侧执行 SIC 来解码。SIC 模块嵌入在 PD 接收机中。SIC 可以使 MU 在一定程度上消除用户间的干扰，有助于扩大合法信道与窃听信道的差异，最终提高网络的安全性能。

本节的主要贡献如下：

（1）考虑 VLC 的安全性要求和未来通信的大规模互联需求，并考虑用户的移动，本节研究了用户移动情况下基于 NOMA 的 VLC 网络的物理层安全，提出了一种安全通信和功率分配的联合优化方法。

（2）建立联合优化问题是非凸的，不能直接找到最优解。在每个时间帧内，基于迭代安全感知注水和 Karush-Kuhn-Tucker(KKT)最优性条件，本节提出了一种分层优化方法，以最大化网络的 NSSC，最终利用分层算法找到最优解；针对所提出的考虑用户移动的 NSSC 最大化问题，对所有 OAP 和 MU 的功率分配进行优化决策是实时进行的，均基于每个时间帧内的室内光无线信道传输特性。

（3）通过仿真实验验证了所提功率分配算法的收敛性和网络安全性能的有效性。在给定相关参数的情况下，减少模型房间内移动的用户数，缩小 LED 的最大光波束范围和 PD 接收机的视场，可以提高合法 MU 的 NSSC。NSSC 还可以通过在房间中部署更多的 OAP 来改进。

3.2.2 系统模型

本节所考虑的 NOMA - VLC 网络如图 3 - 13 所示，其中 $M(M \in \mathcal{M} = \{1, 2, \cdots, M\})$ 个 OAP 部署在房间的天花板上，$N(N \in \mathcal{N} = \{1, 2, \cdots, N\})$ 个移动用户在地面上移动。基于接收到的信号强度，每个 MU 选择一个 OAP 作为其相关联的 OAP。每个 OAP 通过下行 NOMA 为其相关联的 MU 服务，且每个 OAP 覆盖直径约 2～3 m 的光小区。因此，该网络具有 M 个光小区。在每个光小区的边缘，有一个 Eve 试图窃听从 OAP 发送到其相关联的合法 MU 的信息。假设每个合法的 MU 和 Eve 都配备有一个 PD 接收机，该接收机内嵌 SIC 模块。

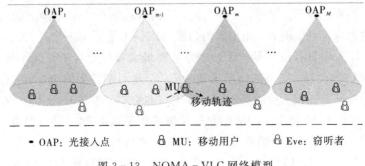

图 3 - 13　NOMA - VLC 网络模型

假设 x_m 为室内光接入点的位置，该位置固定；$y_{n,t}$ 为时刻 t 用户 n 的位置，随着时间的推移，用户 n 的运动轨迹表示为 $\{y_{n,t}\}_{t=1,2,\cdots}$。假设所提出的动态 VLC 网络划分为多个时间帧，信息传输基于一个时间帧，在每个时间帧内 OAP 与其所关联的 MU 之间实现信息同步。光无线信道增益在一个时间帧内保持恒定，由于用户移动，光无线信道增益可以在一个时间帧到另一个时间帧之间发生变化。

对于所提出的基于 NOMA 的 VLC 网络，需要同时考虑外部窃听和用户移动的影响。考虑用户移动，需要动态地分配资源。这种资源分配包括两部分：用户移动时的 OAP 分配和每个 OAP 基于 NOMA 对与其相关联的 MU 的功率分配。此外，在考虑外部窃听的情况下，本节采用了所有合法 MU 的 NSSC 进行度量。

为此，一种用户移动情况下基于 NOMA 的 VLC 网络的物理层安全评估框架被提出，如图 3-14 所示。VLC 网络由层 1 和层 2 两个决策层组成。在层 2，每个 OAP 基于 NOMA 通过光无线信道为 MU 提供服务。在该层基于 NOMA 执行发射功率分配，将功率分配到每个 OAP 相关联的 MU，并确定 SIC 顺序。在层 1，根据资源分配约束确定 OAP 的功率以使网络安全性能最大化。3.2.4 节详细说明了分层功率分配的实现方法。最后，将分配结果反馈给光控制中心（Optical Control Center，OCC），OCC 通过电力线或光纤连接到所有 OAP。

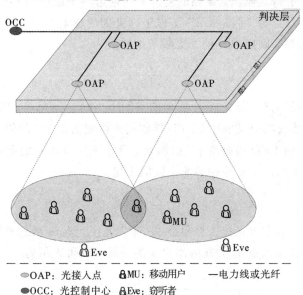

图 3-14　用户移动情况下基于 NOMA 的 VLC 网络的物理层安全评估框架

3.2.3　用户移动引起的光接入点与发送功率动态分配问题

假设时刻 t 光接入点 m 的总功率用 $P_{m,t}$ 表示，其最大允许值为 $P_{m,\max}$，时刻 t 光接入点 m 发送给用户 n 的功率用 $p_{m,n,t}$ 表示。

由于用户移动，某一时刻 t 光接入点 s 是否服务用户，用下述公式进行判断：

$$\begin{cases} P_{m,t}=0, \text{时刻 } t \text{ 光接入点 } m \text{ 空闲，表示未服务任何用户} \\ P_{m,t}>0, \text{时刻 } t \text{ 光接入点 } m \text{ 激活，表示服务用户} \end{cases} \quad (3-55)$$

而某一时刻 t 用户 n 与光接入点 m 是否存在用户关联，用下述公式进行判断：

$$\begin{cases} p_{m,n,t}>0, \text{用户 } n \text{ 与光接入点 } m \text{ 存在用户关联} \\ p_{m,n,t}\leqslant0, \text{用户 } n \text{ 与光接入点 } m \text{ 不存在用户关联} \end{cases} \quad (3-56)$$

则将用户移动引起的光接入点与发送功率动态分配问题，转换成动态调整每个光接入点的总功率以及每个光接入点基于 NOMA 方式分配给合法用户功率的问题。

进而，考虑到外部窃听，我们最终提出了安全通信和功率分配的联合优化问题，在每个 OAP 的最大功率约束和基于 NOMA 的功率分配约束下，在每个时间帧内最大化所有合法 MU 的 NSSC。

1. MU 和 Eve 的信干噪比

通常，从 OAP 到 PD 接收机的信息传播可以是 LoS 链路或漫反射。值得注意的是，Zeng 等人指出，最强的漫反射亦远远小于最弱的 LoS 链路。因此，本节只考虑 LoS 路径。假定 LED 工作于广义朗伯辐射模式。时刻 t 用户 n 与光接入点 m 关联，则用户 n 的光无线信道增益为

$$h_{m,n,t}=\frac{S\rho(j+1)\cos^{j}(\phi_m)\cos(\varphi_n)}{2\pi\|\boldsymbol{y}_{n,t}-\boldsymbol{x}_m\|^2}$$

其中，$h_{m,n,t}$ 是用户 n 与光接入点 m 的空间距离 $\|\boldsymbol{y}_{n,t}-\boldsymbol{x}_m\|$、PD 接收机的入射角 φ_n、PD 接收机的灵敏度 ρ、PD 接收机的检测面积 S、朗伯辐射阶数 j 以及光接入点 m 内 LED 辐射角 ϕ_m 的函数。由于不同光小区的覆盖范围存在重叠，因此时刻 t 用户 n 遭受相邻光小区的干扰为

$$I'_{m,n,t}=\sum_{m'\in\mathcal{M}\setminus\{m\}}h_{m',n,t}P_{m',t} \quad (3-57)$$

其中 $\mathcal{M}\setminus\{m\}$ 表示室内光接入点集合 $\mathcal{M}$ 除去光接入点 m 后的光接入点集合。

时刻 t 与光接入点 m 关联的用户 n 的瞬时 CSI 可表示为

$$\tilde{h}_{m,n,t}=\frac{h_{m,n,t}}{I'_{m,n,t}+\sigma_n} \quad (3-58)$$

其中 σ_n 表示用户 n 的接收噪声功率。

假设时刻 t 光接入点 m 服务的用户集合为 $K_{m,t}$，其最大值为 $|K_{m,t}|$。每个 MU 根据导频信号的强度选择光接入点作为相关联的 OAP。光接入点基于下行 NOMA 为其所有相关联的 MU 提供服务。$|K_{m,t}|$ 个信号在光接入点 m 内进行叠加编码。用户 n 的 PD 接收机利用 SIC 模块对来自 OAP_m 的叠加信号进行译码。不失一般性，假设与 OAP_m 相关联的所有用户的 SIC 译码顺序按照 $\tilde{h}_{m,n,t}$ 的升序执行（对于所有的 $n \in K_{m,t}$）。

根据获得的信道增益排序信息，并利用 NOMA 的 SIC 技术（即具有高 CSI 的用户在解码自己的信号之前，能够解码并移除那些比其 CSI 低的用户信号，并将比其 CSI 更高的用户信号视作干扰），计算出时刻 t 与光接入点 m 关联的用户 n 的接收信干噪比 $Q_{m,n,t}$ 为

$$Q_{m,n,t} = \frac{p_{m,n,t}\tilde{h}_{m,n,t}}{\sum\limits_{\forall n' \in K_{m,t}:\tilde{h}_{m,n',t} > \tilde{h}_{m,n,t}} p_{m,n',t}\tilde{h}_{m,n,t} + 1} \tag{3-59}$$

其中 $n' \in K_{m,t}:\tilde{h}_{m,n',t} > \tilde{h}_{m,n,t}$ 表示时刻 t 光接入点 m 所服务的用户集合 $K_{s,t}$ 中的任一用户 n'，其光无线信道增益 $\tilde{h}_{m,n',t}$ 高于用户 n 的信道增益 $\tilde{h}_{m,n,t}$，显然用户 n 已经利用 SIC 技术消除了信道增益低于它的用户信号，而将信道增益高于它的信号视作干扰。

由于 Eve 在光接入点 m 覆盖的光小区边缘进行窃听，LED 的半功率半角固定，因此 Eve 与光接入点之间的传播距离保持不变，因此 Eve 的瞬时 CSI 是确定的，记为 $h_{m,e,t}$；光接入点在获取到移动用户与 Eve 的 CSI 之后，将信道增益排序，并将排序信息传送给移动用户与 Eve。在时刻 t，Eve 窃听与光接入点 m 关联的用户 n 的信干噪比 $Q_{m,e \to n,t}$ 为

$$Q_{m,e \to n,t} = \frac{p_{m,n,t}h_{m,e,t}}{\sum\limits_{\forall n' \in K_{m,t}:\tilde{h}_{m,n',t} > \tilde{h}_{m,n,t}} p_{m,n',t}h_{m,e,t} + 1} \tag{3-60}$$

其中 $h_{m,e,t}$ 为时刻 t 在光接入点 m 覆盖的光小区边缘进行窃听的 Eve 的瞬时信道增益；此处 Eve 窃听用户 n 的信息，假设 Eve 具有很强的窃听能力，能够获知用户的信道增益排序信息。因此 Eve 利用 SIC 技术能够消除那些比用户 n 的 CSI 低的信号，并将比用户 n 的 CSI 高的信号视作干扰。

2. NSSC 最大化

时刻 t 光接入点 m 范围内合法移动用户 n 的安全容量[59]可以写为

$$C_{m,n,t} = [\lg(1 + Q_{m,n,t}) - \lg(1 + Q_{m,e \to n,t})]^+ \tag{3-61}$$

时刻 t 光接入点 m 范围内所有移动用户的安全容量为

$$C_{m,t} = \sum_{\forall n \in K_{m,t}} C_{m,n,t} \qquad\qquad (3-62)$$

时刻 t 所有光接入点范围内所有移动用户的 NSSC 为

$$C_t = \sum_{\forall m \in M} C_{m,t} \qquad\qquad (3-63)$$

NOMA 可见光通信网络在用户移动和外来非法用户窃听的情况下，安全通信与功率分配的联合优化问题，表达如下：

$$\max_{\substack{\{P_{m,t} \mid m \in M\} \\ \{p_{m,n,t} \mid n \in K_{m,t}, \, \forall m \in M\}}} C_t \qquad\qquad (3-64a)$$

$$\text{s. t.} \qquad 0 \leqslant P_{m,t} \leqslant P_{m,\max}, \; \forall m \qquad\qquad (3-64b)$$

$$\sum_{\forall n \in K_{m,t}} p_{m,n,t} \leqslant P_{m,t}, \; \forall m \qquad\qquad (3-64c)$$

$$P_{m,t} \geqslant 0, \; p_{m,n,t} \geqslant 0, \; \forall m, n \qquad\qquad (3-64d)$$

其中式(3-64b)表示每个光接入点的功率约束；式(3-64c)表示每个光接入点基于 NOMA 分配给关联用户的功率约束。

显然，优化问题(3-64)是一个非凸问题，因此基于凸优化理论，不能直接获得最优解。注意到优化问题(3-64)存在两种功率分配：光控制中心对每个光接入点的功率分配、每个光接入点基于 NOMA 对关联用户的功率分配。因此采用一种分层功率分配算法来获得优化问题(3-64)的最优解。

分层功率分配算法在决策层执行，包含两个阶段：在层 1，确定各光接入点的最佳发射功率；在层 2，基于 NOMA 确定每个光接入点对关联用户的最佳发射功率。

3.2.4 分层功率分配算法

1. 层 2 的功率分配子问题

给定各个光接入点的功率，在每个光接入点上基于 NOMA 确定对关联用户的最佳发射功率，假设时刻 t 光接入点 m 分配的功率为 $P_{m,t}$，则优化问题 (3-64)简化为

$$\max_{\{p_{m,n,t} \mid n \in K_{m,t}, \, \forall m \in M\}} C_{m,t} = \sum_{\forall n \in K_{m,t}} C_{m,n,t}$$

$$\text{s. t.} \qquad \sum_{\forall n \in K_{m,t}} p_{m,n,t} \leqslant P_{m,t}, \; \forall m \qquad\qquad (3-65)$$

$$p_{m,n,t} \geqslant 0, \; \forall m, n$$

引理 3.2.4.1 如果给定房间内所有光接入点的功率，则式(3-65)中的和安全容量最大化问题可转化为凸优化问题。

证明　从式(3-61)我们知道

$$C_{m,n,t} = \max\{lb(1+Q_{m,n,t}) - lb(1+Q_{m,e\to n,t}), 0\}$$

因此，当 $Q_{m,n,t} < Q_{m,e\to n,t}$ 时，$C_{m,n,t}=0$。假设光接入点可以获得与 OAP_m 相关联的所有 MU 和 Eve 的 CSI，并且可以将 CSI 反馈给 MU，在此期间 Eve 也获得该 CSI。为便于进一步分析，假设时刻 t 与 OAP_m 相关联的所有 MU 和 Eve 的 SIC 顺序是递增的，即

$$\tilde{h}_{m,1,t} \leqslant \cdots \leqslant \tilde{h}_{m,N_e,t} \leqslant h_{m,e,t} \leqslant \tilde{h}_{m,N_e+1,t} \leqslant \cdots \leqslant \tilde{h}_{m,|K_{m,t}|,t}$$

其中 $\tilde{h}_{m,N_e,t}$ 表示属于集合 $K_{m,t}$ 的第 N_e 个移动用户的光无线信道增益，$|K_{m,t}|$ 为其最大值。因此，对于属于 $N_e+1 \leqslant n \leqslant |K_{m,t}|$ 的任何 MU，时刻 t 光接入点 m 内用户 n 的安全容量可消除非正值。于是，问题(3-65)中的目标函数可整理为

$$C_{m,t} = \sum_{n=1}^{|K_{m,t}|} [lb(1+Q_{m,n,t}) - lb(1+Q_{m,e\to n,t})]^+ \tag{3-66a}$$

$$= \sum_{n=N_e+1}^{|K_{m,t}|} lb\left(\frac{1+Q_{m,n,t}}{1+Q_{m,e\to n,t}}\right) \tag{3-66b}$$

$$= \sum_{n=N_e+1}^{|K_{m,t}|} \left[lb\frac{\tilde{h}_{m,n,t}\sum\limits_{i=n}^{|K_{m,t}|}p_{m,i,t}+1}{\tilde{h}_{m,n,t}\sum\limits_{i=n+1}^{|K_{m,t}|}p_{m,i,t}+1} - lb\frac{h_{m,e,t}\sum\limits_{i=n}^{|K_{m,t}|}p_{m,i,t}+1}{h_{m,e,t}\sum\limits_{i=n+1}^{|K_{m,t}|}p_{m,i,t}+1} \right] \tag{3-66c}$$

其中，利用 SIC 的递增顺序式(3-66b)成立，将式(3-59)和式(3-60)代入式(3-66b)可得式(3-66c)。

式(3-66c)的第一项可整理为

$$\sum_{n=N_e+1}^{|K_{m,t}|} lb\frac{\tilde{h}_{m,n,t}\sum\limits_{i=n}^{|K_{m,t}|}p_{m,i,t}+1}{\tilde{h}_{m,n,t}\sum\limits_{i=n+1}^{|K_{m,t}|}p_{m,i,t}+1}$$

$$= lb\left(\tilde{h}_{m,N_e+1,t}\left(\sum_{i=N_e+1}^{|K_{m,t}|}p_{m,i,t}\right)+1\right)+$$

$$\sum_{n=N_e+1}^{|K_{m,t}|-1}\left[lb\left(\tilde{h}_{m,n+1,t}\left(\sum_{i=n+1}^{|K_{m,t}|}p_{m,i,t}\right)+1\right) - \right.$$

$$\left. lb\left(\tilde{h}_{m,n,t}\left(\sum_{i=n+1}^{|K_{m,t}|}p_{m,i,t}\right)+1\right)\right] \tag{3-67}$$

式(3-66c)的第二项可整理为

$$\sum_{n=N_e+1}^{|K_{m,t}|} \text{lb} \frac{h_{m,e,t} \sum\limits_{i=n}^{|K_{m,t}|} p_{m,i,t}+1}{h_{m,e,t} \sum\limits_{i=n+1}^{|K_{m,t}|} p_{m,i,t}+1} = \text{lb}\left(h_{m,e,t}\left(\sum_{i=N_e+1}^{|K_{m,t}|} p_{m,i,t}\right)+1\right)$$

$$(3-68)$$

定义

$$\psi_{n,t} \stackrel{\text{def}}{=\!=} \begin{cases} h_{m,e,t}, & n=N_e \\ \tilde{h}_{m,n,t}, & N_e+1 \leqslant n \leqslant |K_{m,t}| \end{cases} \qquad (3-69)$$

$$\zeta_{n,t} \stackrel{\text{def}}{=\!=} \sum_{i=n+1}^{|K_{m,t}|} p_{m,i,t}, \quad N_e \leqslant n \leqslant |K_{m,t}|-1 \qquad (3-70)$$

$$f(\zeta_{n,t}) = \text{lb}(\psi_{n+1,t}\zeta_{n,t}+1) - \text{lb}(\psi_{n,t}\zeta_{n,t}+1) \qquad (3-71)$$

则式(3-66)可整理为

$$C_{m,t} = \sum_{n=N_e}^{|K_{m,t}|-1} f(\zeta_{n,t}) \qquad (3-72)$$

由式(3-72)可知，函数 $C_{m,t}$ 由 $|K_{m,t}|-N_e$ 个子函数组成。也就是说，问题(3-65)可以看作是 $|K_{m,t}|-N_e$ 个子问题的和，每个子问题基于 NOMA 分别使第 n 个 MU 的 $f(\zeta_{n,t})$ 函数最大化。利用这些子问题的解，最终可以得到与同一 OAP 相关联的 MU 的最优功率分配。

特别地，对于属于 $K_{m,t}$ 的第 n 个 MU 的函数 $f(\zeta_{n,t})$，其关于 $\zeta_{n,t}$ 的一阶偏导为

$$\frac{\mathrm{d}f(\zeta_{n,t})}{\mathrm{d}\zeta_{n,t}} = \frac{\psi_{n+1,t}}{\psi_{n+1,t}\zeta_{n,t}+1} - \frac{\psi_{n,t}}{\psi_{n,t}\zeta_{n,t}+1} = \frac{\psi_{n+1,t}-\psi_{n,t}}{(\psi_{n+1,t}\zeta_{n,t}+1)(\psi_{n,t}\zeta_{n,t}+1)}$$

$$(3-73)$$

由于 $\tilde{h}_{m,n,t}$ 的增序排列，很容易得到 $\psi_{n+1,t} > \psi_{n,t}$，最后可以导出 $\mathrm{d}f(\zeta_{n,t})/\mathrm{d}\zeta_{n,t} > 0$。

因此，函数 $f(\zeta_{n,t})$ 随参数 $\zeta_{n,t}$ 单调增加，$f(\zeta_{n,t})$ 的最大值对应于 $\zeta_{n,t}$ 的最大值。优化问题(3-65)可写成

$$\max_{\{P_{m,n,t} \mid n \in K_{m,t}, \forall m \in \mathcal{M}\}} \zeta_{n,t} \qquad (3-74a)$$

$$\text{s. t.} \qquad \sum_{\forall n \in K_{m,t}} p_{m,n,t} \leqslant P_{m,t}, \ \forall m \qquad (3-74b)$$

$$p_{m,n,t} \geqslant 0, \ \forall m,n \qquad (3-74c)$$

(3-74b)中的约束显然是凸的[60]，且目标函数是线性的，因此，优化问题(3-74)是凸的。证明结束，引理 3.2.4.1 得证。

接下来，给定 OAP_m 的总功率 $P_{m,t}$，基于 NOMA，与 OAP_m 相关联的所有 MU 的最优功率分配问题(3-74)的最优解(亦是问题(3-65)的最优解)，利用引理 3.2.4.1 可得出。

定理 3.2.4.1　时刻 t 光接入点 m 将总功率贪婪地分配给具有最高光无线信道增益的移动用户，才能使与光接入点 m 相关联的所有移动用户的和安全容量最大化。

证明　将式(3-70)代入式(3-74b)，可得式(3-74)对应的拉格朗日函数，即

$$J(p_{m,n,t},\beta,\{\alpha_n\}) = \sum_{i=n+1}^{|K_{m,t}|} p_{m,i,t} + \beta\left\{P_{m,t} - \sum_{n=1}^{|K_{m,t}|} p_{m,n,t}\right\} + \sum_{n=1}^{|K_{m,t}|} \alpha_n p_{m,n,t}$$

(3-75)

其中 β 和 α_n 分别是约束(3-74b)和约束(3-74c)的拉格朗日因子。根据 KKT 条件，以下关系式应成立：

$$\frac{\partial J(\cdot)}{\partial p_{m,n,t}} = -\beta + \alpha_n = 0, \quad N_e \leqslant n \leqslant |K_{m,t}|-1 \qquad (3-76a)$$

$$\sum_{n=1}^{|K_{m,t}|} p_{m,n,t} = P_{m,t} \qquad (3-76b)$$

$$\alpha_n p_{m,n,t} = 0, \quad N_e \leqslant n \leqslant |K_{m,t}|-1 \qquad (3-76c)$$

由式(3-75)和式(3-76a)可得

$$\frac{\partial J(\cdot)}{\partial p_{m,n+1,t}} = 1-\beta+\alpha_{n+1} = \alpha_{n+1}-\alpha_n+1 = 0, \quad N_e \leqslant n \leqslant |K_{m,t}|-1$$

(3-77)

从式(3-77)中很容易推断出 $\alpha_{|K_{m,t}|} = 0$，且 $\alpha_n > 0$，对于 $N_e \leqslant n \leqslant |K_{m,t}|-1$。因此，式(3-76b)和式(3-76c)暗含的意思是 OAP_m 仅服务于与其相关联的第 $|K_{m,t}|$ 个用户，$|K_{m,t}| \in K_{m,t}$，即仅服务于具有最佳光无线信道增益的 MU。

证明结束，定理 3.2.4.1 得证。

根据定理 3.2.4.1，光接入点 m 的主要工作是确定具有最大信道增益 $\tilde{h}_{m,n,t}$ 的移动用户 $n_{m,t}^*$，即

$$n_{m,t}^* = \operatorname*{argmax}_{\forall n \in K_{m,t}} \tilde{h}_{m,n,t} = \operatorname*{arg\,max}_{\forall n \in K_{m,t}} \frac{h_{m,n,t}}{\sum_{m' \in M\backslash\{m\}} h_{m',n,t} P_{m',t} + \sigma_n} \qquad (3-78)$$

最后，将时刻 t 光接入点 m 的功率 $P_{m,t}$ 全部发送给移动用户 $n_{m,t}^*$。

2. 层 1 的功率分配子问题

根据层 2 反馈的每个光接入点基于 NOMA 对关联用户的功率分配，可确定每个 OAP 的最优功率以使 NSSC 最大化。

根据定理 3.2.4.1，时刻 t 功率分配约束的 NSSC 最大化问题可以描述为

$$
\max_{\{P_{m,t} \mid m \in \mathcal{M}\}} C_t =
$$

$$
\sum_{\forall m \in \mathcal{M}} \left[\mathrm{lb}\left(1 + \frac{P_{m,t} h_{m,n^*,t}}{\sum\limits_{\forall m' \in \mathcal{M} \backslash \{m\}} h_{m',n^*,t} P_{m',t} + \sigma_{n^*}}\right) - \mathrm{lb}\left(1 + \frac{P_{m,t} h_{m,e,t}}{\sum\limits_{\forall m' \in \mathcal{M} \backslash \{m\}} h_{m',e,t} P_{m',t} + \sigma_e}\right) \right]^+
$$

$$
\mathrm{s.t.} \quad 0 \leqslant P_{m,t} \leqslant P_{m,\max}, \ \forall m \in \mathcal{M}
$$

$$
P_{m,t} \geqslant 0, \qquad \forall m \in \mathcal{M} \tag{3-79}
$$

为简单起见，接下来，省略问题(3-79)中的 $[\cdot]^+$ 以消除具有非正安全容量的 OAP。

定义

$$
A_{m,t} \stackrel{\mathrm{def}}{=\!=} \frac{1}{h_{m,n^*,t}} \left(\sum_{m' \in \mathcal{M} \backslash \{m\}} h_{m',n^*,t} P_{m',t} + \sigma_{n^*} \right)
$$

$$
B_{m,t} \stackrel{\mathrm{def}}{=\!=} \frac{1}{h_{m,e,t}} \left(\sum_{m' \in \mathcal{M} \backslash \{m\}} h_{m',e,t} P_{m',t} + \sigma_e \right) \tag{3-80}
$$

从式(3-80)可以推断，当 $A_{m,t} < B_{m,t}$ 时，问题(3-79)目标函数中的 $[\cdot]^+$ 可以省略。那么式(3-79)可以简化为

$$
\max_{\{P_{m,t} \mid m \in \tilde{\mathcal{M}}\}} C_t = \sum_{\forall m \in \tilde{\mathcal{M}}} \mathrm{lb}\left(\frac{1 + P_{m,t}/A_{m,t}}{1 + P_{m,t}/B_{m,t}} \right)
$$

$$
\mathrm{s.t.} \quad 0 \leqslant P_{m,t} \leqslant P_{m,\max}, \ \forall m \in \tilde{\mathcal{M}}
$$

$$
P_{m,t} \geqslant 0, \qquad \forall m \in \tilde{\mathcal{M}} \tag{3-81}
$$

其中 $\tilde{\mathcal{M}} = \{m \in \mathcal{M} \mid A_{m,t} < B_{m,t}\}$ 表示可以获得正安全容量的 OAP 集合。显然 $\mathcal{M} \backslash \tilde{\mathcal{M}}$ 中的 OAP 内的光接入点视作无用节点，故光控制中心不必分配功率给它们。

从式(3-81)可知 NSSC 最大化问题涉及每个光接入点安全容量的最大化，根据博弈论[61]，这可以看作是一个非合作博弈问题，参与者只关心自己的安全性能。

接下来，首先用一个分布式的非合作安全竞争博弈模型来模拟 NSSC 最大化问题。其次，利用纳什均衡来刻画非合作博弈的稳态。然后，利用一个等价的变分不等式(Variational Inequality，VI)进行平衡。最后，利用非合作博弈与 VI 问题的等价性，给出每个光接入点的最优功率分配。

时刻 t 存在 $\mathcal{P}_t = \{P_{m,t} \,|\, 0 \leqslant P_{m,t} \leqslant P_{m,\max}, \forall m \in \widetilde{\mathcal{M}}\}$，那么，问题(3-81)可以描述为

$$\max_{\{P_{m,t} \,|\, m \in \widetilde{\mathcal{M}}\}} C_t = \sum_{\forall m \in \widetilde{\mathcal{M}}} \lg\left(\frac{1 + P_{m,t}/A_{m,t}}{1 + P_{m,t}/B_{m,t}}\right) \tag{3-82}$$
$$\text{s. t.} \quad P_{m,t} \in \mathcal{P}_t$$

定义 $\boldsymbol{P}_{-m,t} = \{P_{1,t}, \cdots, P_{m-1,t}, P_{m+1,t}, \cdots, P_{M,t}\}$ 作为不包括 OAP_m 的 OAP 功率向量，那么问题(3-82)可写为

$$\max_{\{P_{m,t} \,|\, m \in \widetilde{\mathcal{M}}\}} C_t(P_{m,t}, \boldsymbol{P}_{-m,t}) \tag{3-83}$$
$$\text{s. t.} \quad P_{m,t} \in \mathcal{P}_t$$

考虑到问题(3-83)应该在每个光接入点执行，引入非合作博弈，可描述为

$$\mathcal{G}_t = \{\widetilde{\mathcal{M}}, \{P_{m,t}\}_{m \in \widetilde{\mathcal{M}}}, C_{m,t} \,|\, {}_{m \in \widetilde{\mathcal{M}}}\} \tag{3-84}$$

其中属于 $\widetilde{\mathcal{M}}$ 的 OAP 作为博弈 $\mathcal{G}_t$ 的参与者，通过使各自的功率最大来实现安全容量最大化。

上述非合作博弈的稳态可以用纳什均衡来描述。当网络处于稳态时，任何光接入点都不能单方面偏离当前的均衡策略，以便进一步提高网络的安全性能。

针对层 1 的功率分配策略 $\boldsymbol{P}_t^* = [P_{m,t}^*]_{m \in \widetilde{\mathcal{M}}}$，对于所有 $m \in \widetilde{\mathcal{M}}$ 的 OAP，以下不等式恒成立：

$$C_t(P_{m,t}^*, \boldsymbol{P}_{-m,t}^*) \geqslant C_t(P_{m,t}, \boldsymbol{P}_{-m,t}^*), \quad \forall P_{m,t} \in \mathcal{P}_t \tag{3-85}$$

$C_t(\boldsymbol{P}_t)$ 相对于 $P_{m,t}$ 的梯度可以表示为

$$\nabla_{P_{m,t}} C_t(\boldsymbol{P}_t) = \frac{h_{m,n^*,t}}{\displaystyle\sum_{m \in \widetilde{\mathcal{M}}} h_{m,n^*,t} P_{m,t} + \sigma_{n^*}} - \frac{h_{m,e,t}}{\displaystyle\sum_{m \in \widetilde{\mathcal{M}}} h_{m,e,t} P_{m,t} + \sigma_e} \tag{3-86}$$

OAP m 若要处于纳什均衡，则其一阶最优条件为

$$(P_{m,t} - P_{m,t}^*) \boldsymbol{F}_t \geqslant 0 \quad \forall P_{m,t} \in \mathcal{P}_t \tag{3-87}$$

其中 $\boldsymbol{F}_t = -\nabla_{P_{m,t}} C_t(\boldsymbol{P}_t)$。

对于问题(3-87)，可以重写为一个变分不等式 $\mathrm{VI}(\boldsymbol{P}_t, \boldsymbol{F}_t)$，其中 $\boldsymbol{F}_t$ 是算子，$\mathcal{P}_t$ 是可行集。

应用非合作博弈与 VI 问题的等价性(可参考文献[62]中的定理 1 和定理 2)，可得式(3-82)对应的拉格朗日函数：

$$J(P_{m,t}, \chi_{m,t}) = \sum_{\forall m \in \widetilde{\mathcal{M}}} \mathrm{lb}\left(\frac{1 + P_{m,t}/A_{m,t}}{1 + P_{m,t}/B_{m,t}}\right) + \chi_{m,t}(P_{m,\max} - P_{m,t})$$

$$\tag{3-88}$$

其中 $\chi_{m,t}$ 是拉格朗日因子。

根据 KKT 条件，式(3-82)的最优解应满足

$$\frac{\partial J(P_{m,t},\chi_{m,t})}{\partial P_{m,t}}=\frac{1}{1+\dfrac{P_{m,t}}{A_{m,t}}}\frac{1}{A_{m,t}}-\frac{1}{1+\dfrac{P_{m,t}}{B_{m,t}}}\frac{1}{B_{m,t}}-\chi_{m,t}=0 \quad (3-89)$$

则时刻 t 光接入点 m 的最优分配功率为

$$P_{m,t}=\frac{1}{2}\max\left\{-(A_{m,t}+B_{m,t})+\sqrt{(A_{m,t}+B_{m,t})^2\frac{-4(A_{m,t}-B_{m,t})}{\chi_{m,t}}-4A_{m,t}B_{m,t}},0\right\}$$

$$(3-90)$$

其满足 $0\leqslant P_{m,t}^*\leqslant P_{m,\max}$。

利用安全感知注水算法[62]的核心思想，非合作安全竞争博弈的最优解为

$$P_{m,t}^*=\mathrm{SWF}(\chi_{m,t},P_{-m,t}^*),\ \forall m\in\widetilde{\mathcal{M}} \quad (3-91)$$

因此，层 1 中每个光接入点的功率分配可用算法 1 表示。

算法 1　层 1 对每个光接入点的迭代功率分配算法

(1) 初始化：令迭代次数 $i=0$，对所有光接入点的功率随机选择一个初始值 $\boldsymbol{P}(i)$；

(2) 基于 $A_{m,t}<B_{m,t}$，确定光接入点的可行集 $\widetilde{\mathcal{M}}$，在该集合内可获得正安全速率；

(3) 重复(4)~(6)；

(4) 对于 $\forall m\in\widetilde{\mathcal{M}}$，执行(5)~(6)；

(5) $P_{m,t}^*(i)=\mathrm{SWF}(\chi_{m,t}(i),\boldsymbol{P}_{-m,t}^*(i))$；

(6) $i=i+1$；

(7) 直到 $\|\boldsymbol{P}_t(i)-\boldsymbol{P}_t(i-1)\|_2/\|\boldsymbol{P}_t(i-1)\|_2<\varepsilon$，其中 ε 是一个很小的正常数，作为终止迭代过程的预定阈值；

(8) 输出：$\boldsymbol{P}_t(i)$ 为各光接入点的最优功率分配。

---

3. 计算复杂度分析

由于层 2(如式(3-78)所示)的主要工作是确定每个 OAP 内具有最佳信道增益的移动用户，因此层 2 的计算复杂度是 $o\left(\sum\limits_{m=1}^{M}|K_{m,t}|(|K_{m,t}|-1)/2\right)$。层 1 求解式(3-81)的复杂度为 $o(M^2(M+1))$，这利用了与文献[32]相同的方法获得。因此，本节提出的分层功率分配算法的复杂度为 $o(M^2(M+1)\sum\limits_{m=1}^{M}(|K_{m,t}|(|K_{m,t}|-1)/2))$。

3.2.5　实验与结果分析

我们通过仿真实验验证了功率分配算法的收敛性和有效性。房间模型、PD 接收机、LED 发射机等仿真参数见表 3 - 2。

表 3 - 2　仿 真 参 数

参　　数	数　值
半功率半角 θ	$30°\sim70°$
每个光接入点的最大功率	40 W
PD 接收机的灵敏度	0.4 mA/mW
房间大小	10 m×10 m×5 m
PD 接收机的检测面积	1 cm²
时间帧长	1 ms

采用 10 m×10 m×5 m 模型房间，房顶配置 4 个 OAP，地面配置多个 MU。以房间中心为坐标原点，四个 OAP 分别位于 $[-2.5, 2.5, 5]$、$[-2.5, -2.5, 5]$、$[2.5, 2.5, 5]$ 和 $[2.5, -2.5, 5]$。不同半功角情况下 OAP 的发光强度分布如图 3 - 15 所示，可知，当半功角为 30°时，不同 OAP 的覆盖面积略有重叠，如图 3 - 15(a)所示。然而，当增大半功率角到 50°时，如图 3 - 15(b)所示，每个 OAP 的重叠覆盖范围也会增加。

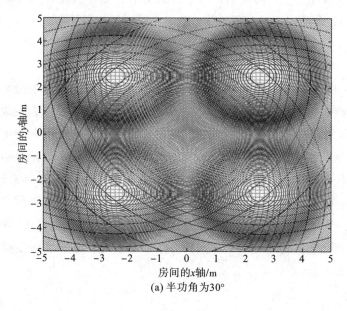

(a) 半功角为30°

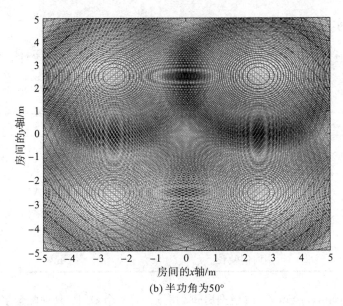

(b) 半功角为50°

图 3-15　不同半功率角情况下 OAP 的发光强度

　　由于 VLC 网络的相干时间约为几十毫秒[13]，在仿真过程中，假设时间帧的长度为 1 ms，远小于相干时间。因此，所提出的动态 VLC 网络可以划分为多个时间帧，在每个时间帧内 VLC 信道的 CSI 保持恒定或相对缓慢地变化。这意味着每个时间帧内，所提出的功率分配算法允许两个决策层动态地更新 OAP 分配和用户关联情况。注意，可以每毫秒执行动态更新，这是因为如果两个决策层配备了云计算服务器，那么计算延迟可以控制在毫秒量级[63]。

　　图 3-16 所示为误差阈值 $\varepsilon = 10^{-9}$ 时迭代功率分配算法下网络和安全容量的收敛性变化曲线。由图可知，所提出的迭代功率分配算法收敛速度非常快，大约仅需两次迭代便可达到稳定状态。所提出的迭代功率分配算法与固定最大功率分配算法接近，验证了前者的优越性。而且，随着光小区内合法移动用户数的减少，NOMA 可见光通信网络的网络和安全容量显著增加。这是因为，Eve 在光接入点覆盖的光小区边缘进行窃听，窃听信道的 CSI 恒定，当减少光接入点覆盖范围内的合法移动用户数目时，可以扩大合法信道与窃听信道之间的信道差异，从而提升了安全容量，进而增强了整个网络的网络和安全容量。

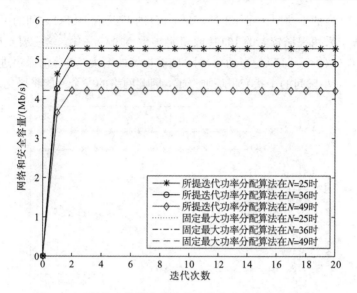

图 3-16　所提迭代功率分配算法的收敛性与优越性验证

图 3-17 所示为光接入点覆盖范围内合法移动用户数目一定的情况下，LED 半功率半角的变化对网络和安全容量的影响曲线图。由图可知，网络和安全容量随着 LED 半功率半角的减小而增大。这是因为，随着 LED 半功率半角的减小，LED 光波束变窄，将抑制相邻光小区的干扰，提高合法信道的 CSI，从而扩大合法信道与窃听信道之间的信道差异，增强整个网络的网络和安全容量。

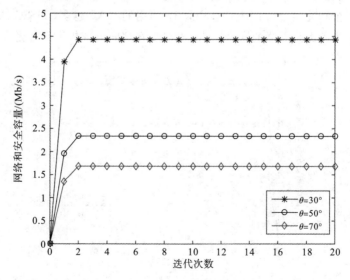

图 3-17　FoV＝30°时 LED 半功率角对网络安全性能的影响

　　给定 LED 的半功率角($\theta = 30°$)，研究 PD 的 FoV 和 NSSC 之间的关系。由图 3-18 可知，采用视场较大的 PD 接收机将导致 NSSC 恶化。这主要是因为在给定最大光束(取决于 LED 的半功角)时，随着视场的增大，更多的噪声进入 PD 接收机范围内，小区间的干扰变得更加严重，因此网络的安全性能将恶化。

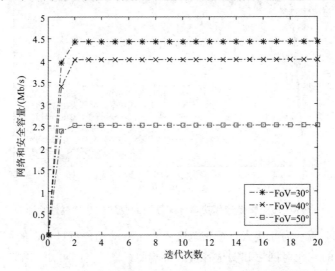

图 3-18　LED 半功率角 $\theta = 30°$ 时，FoV 对 NSSC 的影响

　　下面考虑在房间中部署的 OAP 数量对 NSSC 的影响。LED 的半功角和 PD 的 FoV 都设置为 30°，MU 的密度保持不变($N = 25$)，采用上述四个 OAP 中的前两个、前三个和前四个。由图 3-19 可知，使用的 OAP 越多，NSSC 越好。这一结果表明，为了提高网络的安全性能，有必要在房间天花板上部署更多的 OAP。

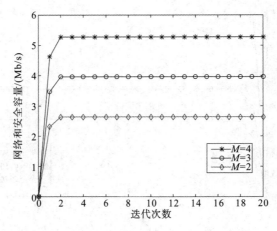

图 3-19　LED 的半功角和 PD 的 FoV 均为 30°，OAP 数量对 NSSC 的影响

78

　　图 3 - 20 显示了不同 MU 密度情况下部署在天花板上的四个 OAP 的最优功率分配。增加 MU 的数量会导致分配给每个 OAP 的最优功率减少。一方面，增加 MU 的密度会使小区间干扰加剧，从而使合法信道的 CSI 恶化；另一方面，Eve 是静态的或在每个光小区的边界附近移动，并且 Eve 的 CSI 保持不变。通过降低遭受同信道干扰严重的 OAP 的功率，可以极大地改善 NSSC。

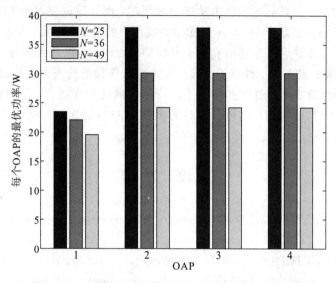

图 3 - 20　不同 MU 密度下四个 OAP 的最优功率分配

本 章 小 结

　　本章首先研究了单个用户随机移动情况下可见光通信的物理层安全，然后扩展至多用户可见光通信，研究了用户移动情况下基于 NOMA 的可见光通信的物理层安全，并通过实验验证了所提出系统的优越性。

　　在单个用户随机移动情况下可见光通信的物理层安全研究中，首先针对单合法用户、单窃听者的场景，设置了保护域的安全增强策略；然后分析 Bob 及 Eve 的信噪比统计概率表达式，进而推导出 VLC 系统的非零安全容量概率以及安全吞吐量的闭式表达式；最后分析用户移动过程中暂停时间不为零时的 VLC 系统安全中断概率。仿真结果表明，设置安全保护域可以使 VLC 系统的安全性能提升大约 18%，且移动用户在 RWP 模型下的安全性能总是优于 RD 模型的安全性能。除此之外，延长移动用户的暂停时间将恶化 VLC 系统的安全性能。本章的研究内容为未来 6G 可见光通信的移动安全传输提供了理论依据。

  针对用户移动情况下基于 NOMA 的可见光通信物理层安全，由于用户移动和室内环境的动态变化，需要动态分配 OAP 和在 NOMA 基础上向 MU 发送功率。当 MU 移动时，MU 是否与 OAP 相关联，可以通过 OAP 是活动还是空闲的以及 OAP 是否基于 NOMA 向 MU 发送功率来确定。因此，可以将用户移动时的用户关联问题转化为功率分配问题，动态地调整每个 OAP 的总功率和每个光接入点基于 NOMA 分配给关联用户的功率。进而，考虑外部窃听，最终提出了一个联合安全通信和功率分配的优化问题，以最大化每个时间帧中 MU 的 NSSC；提出了一种基于 KKT 最优性条件和迭代安全感知注水方法的分层功率分配算法；通过仿真验证了算法的收敛性和有效性。仿真结果表明，NSSC 依赖于 MU 的用户密度、LED 的半功角、PD 的视场和模型房间中 OAP 的数量。

参 考 文 献

[1] PAN G，YE J，DING Z. On secure VLC systems with spatially random terminals. IEEE Commun. Lett. ，2017，21(3)：492 – 495.

[2] CHO S，CHEN G，COON J P. Physical Layer Security in Visible Light Communication Systems with Randomly Located Colluding Eavesdroppers. IEEE Wireless Communication Letters，2018(99)：1 – 1. DOI：10. 1109/LWC. 2018. 2820709.

[3] YIN L，HAAS H. Physical-layer security in multiuser visible light communication networks. IEEE J. Sel. Areas Commun. ，2018，36(1)：162 – 174.

[4] XU K，YU H Y，ZHU Y J,et al. On the Ergodic Channel Capacity for Indoor Visible Light Communication Systems. IEEE Access, 2017, 5：833 – 841.

[5] GUPTA A，GARG P. Statistics of SNR for an Indoor VLC System and Its Applications in System Performance. IEEE Communications Letters，2018，22(9)：1898 – 1901.

[6] EROGLU Y S，YAPICI Y，GÜVENÇ İ. Impact of Random Receiver Orientation on Visible Light Communications Channel. IEEE Transactions on Communications，2019，67(2)：1313 – 1325.

[7] WANG J Y，QIU Y，LIN S H，et al. On the Secrecy Performance of Random VLC Networks With Imperfect CSI and Protected Zone. IEEE Systems

Journal，2020，14(3)：4176 - 4187.

[8] HYYTIA E，LASSILA P，VIRTAMO J. Spatial node distribution of the random waypoint mobility model with applications. IEEE Transactions on Mobile Computing，2006，5(6)：680 - 694.

[9] NAIN P，TOWSLEY D，LIU B，et al. Properties of random direction models. In Proceedings IEEE 24th Annual Joint Conference of the IEEE Computer and Communications Societies. ，Miami，FL，USA，2005：1897 - 1907.

[10] BETTSTETTER C，HARTENSTEIN H，PÉREZ-COSTA X. Stochastic properties of the random waypoint mobility model. Wireless Networks，2004，10(5)：555 - 567.

[11] SOLTANI M D，PURWITA A A，ZENG Z，et al. Modeling the Random Orientation of Mobile Devices：Measurement，Analysis and LiFi Use Case. IEEE Transactions on Communications，2019，67(3)：2157 - 2172.

[12] KOMINE T，NAKAGAWA M. Fundamental analysis for visible-light communication system using LED lights. IEEE Trans. Consum. Electron. ，2004，50(1)：100 - 107.

[13] ZENG Z，SOLTANI M D，WANG Y，et al. Realistic indoor hybrid WiFi and OFDMA-based LiFi networks. IEEE Trans. Commun. ，2020，68(5)：2978 - 2991.

[14] KUMAR N，TERRA D，LOURENÇO N，et al. Visible light communication for intelligent transportation in road safety applications. In 2011 7th International Wireless Communications and Mobile Computing Conference，Istanbul，Turkey，July 2011：1513 - 1518.

[15] SAAD W，BENNIS M，CHEN M. A vision of 6G wireless systems：applications，trends，technologies，and open research problems. IEEE Netw. ，2020，34(3)：134 - 142.

[16] DAI L，WANG B，DING Z，et al. A survey of non-orthogonal multiple access for 5G. IEEE Commun. Surv. Tutor. ，2018，20(3)：2294 - 2323.

[17] QIAN L P，WU Y，ZHOU H，et al. Dynamic cell association for non-orthogonal multiple-access V2S networks. IEEE J. Sel. Areas Commun. ，2017，35(10)：2342 - 2356.

[18] HAMAMREH J M，FURQAN H M，ARSLAN H. Classifications and applications of physical layer security techniques for confidentiality：a comprehensive survey. IEEE Commun. Surv. Tutor. ，2019，21(2)：1773 - 1828.

[19] WU Y, KHISTI A, XIAO C, et al. A survey of physical layer security techniques for 5G wireless networks and challenges ahead. IEEE J. Sel. Areas Commun. , 2018, 36(4): 679 - 695.

[20] LIU Y, CHEN H, WANG L. Physical layer security for next generation wireless networks: theories, technologies, and challenges. IEEE Commun. Surv. Tutor. , 2017, 19(1): 347 - 376.

[21] MARSHOUD H, KAPINAS V M, KARAGIANNIDIS G K, et al. Non-Orthogonal Multiple Access for Visible Light Communications. IEEE Photonics Technology Letters, 2016, 28(1): 51 - 54.

[22] YANG Z, XU W, LI Y. Fair Non-Orthogonal Multiple Access for Visible Light Communication Downlinks. IEEE Wireless Communications Letters, 2017, 6(1): 66 - 69.

[23] MARSHOUD H, MUHAIDA S T, SOFOTASIOS P C, et al. Optical non-orthogonal multiple access for visible light communication. IEEE Wireless Commun. , 2018, 25(2): 82 - 88.

[24] ELTOKHEY M W, KHALIGHI M A, GHASSEMLOOY Z. Dimming-aware interference mitigation for NOMA-based multi-cell VLC networks. IEEE Commun. Lett. , 2020, 24(11): 2541 - 2545.

[25] PHAM Q, THE T H, ALAZAB M, et al. Sum-rate maximization for UAV-assisted visible light communications using NOMA: swarm intelligence meets machine learning. IEEE Internet of Things J. , 2020, 7 (10): 10375 - 10387.

[26] MOSTAFA A, LAMPE L. Physical-Layer Security for MISO Visible Light Communication Channels. IEEE Journal on Selected Areas in Communications, 2015, 33(9): 1806 - 1818.

[27] LIU X, WANG Y, ZHOU F, et al. Beamforming design for secure MISO visible light communication networks with SLIPT. IEEE Trans. Commun. , 2020, 68(12): 7795 - 7809.

[28] PHAM T V, PHAM A T. Energy efficient artificial noise-aided precoding design for visible light communication systems. In 2020 International Conference on Computing, Networking and Communications (ICNC), Big Island, HI, USA, Feb. 2020: 507 - 512.

[29] ARFAOUI M A, GHRAYEB A, ASSI C M. Secrecy performance of multi-user MISO VLC broadcast channels with confidential messages. IEEE

82

Trans. Commun. , 2018, 17(11): 7789 – 7800.

[30] WANG F, LIU C, WANG Q, et al. Optical jamming enhances the secrecy performance of the generalized space-shift-keying-aided visible-light downlink. IEEE Trans. Commun. , 2018, 66(9): 4087 – 4102.

[31] CHE Z, FANG J, JIANG Z L, et al. A physical-layer secure coding scheme for indoor visible light communication based on polar codes. IEEE Photon. J. , 2018, 10(5): 1 – 13.

[32] CHO S, CHEN G, COON J P. Physical layer security in multiuser VLC systems with a randomly located eavesdropper. In 2019 IEEE Global Communications Conference (GLOBECOM), Waikoloa, HI, USA, Dec. 2019: 1-6.

[33] IJAZ A, RAHMAN M M U, DOBRE O A. On Safeguarding visible light communication systems against attacks by active adversaries. IEEE Photon. Techno. Lett. , 2020, 32(1): 11 – 14.

[34] ZHANG Y, WANG H M, YANG Q,et al. Secrecy Sum Rate Maximization in Non-Orthogonal Multiple Access. IEEE Communications Letters, 2016, 20(5): 930 – 933.

[35] ELHALAWANY B M, WU K. Physical-layer security of NOMA systems under untrusted users. In 2018 IEEE Global Communications Conference (GLOBECOM), Abu Dhabi, United Arab Emirates, Dec. 2018: 1 – 6.

[36] CAO K, WANG B, DING H, et al. Secure transmission designs for NOMA systems against internal and external eavesdropping. IEEE Trans. Information Foren. Secur. , 2020, 15: 2930 – 2943.

[37] LEI H, ZHANG J, PARK K H, et al. Secrecy Outage of Max-Min TAS Scheme in MIMO-NOMA Systems. IEEE Transactions on Vehicular Technology, 2018, 67(8): 6981 – 6990.

[38] LIU Y, QIN Z, ELKASHLAN M, et al. Enhancing the Physical Layer Security of Non-Orthogonal Multiple Access in Large-Scale Networks. IEEE Transactions on Wireless Communications, 2017, 16(3): 1656 – 1672.

[39] ZHANG H, YANG N, LONG K, et al. Secure communications in NOMA system: subcarrier assignment and power allocation. IEEE J. Sel. Areas Commun. , 2018, 36(7): 1441 – 1452.

[40] LEI H, ZHANG J, PARK K H, et al. On Secure NOMA Systems With Transmit Antenna Selection Schemes. IEEE Access, 2017(5): 17450 – 17464.

[41] WU W, ZHOU F, HU R Q, et al. energy-efficient resource allocation for secure NOMA-enabled mobile edge computing networks. IEEE Trans. Commun. , 2020, 68(1): 493 – 505.

[42] WANG H M, ZHANG X. UAV secure downlink NOMA transmissions: a secure users oriented perspective. IEEE Trans. Commun. , 2020, 68(9): 5732 – 5746.

[43] YIN Z, JIA M, WANG W, et al. Max-min secrecy rate for NOMA-based UAV-assisted communications with protected zone. In 2019 IEEE Global Communications Conference (GLOBECOM), Waikoloa, HI, USA, Dec. 2019: 1 – 6.

[44] CHOPRA G, JHA R K, JAIN S. Rank-based secrecy rate improvement using NOMA for ultra dense network. IEEE Trans. Vehicu. Techno. , 2019, 68(11): 10687 – 10702.

[45] ZHAO X , CHEN H B, SUN J Y. On physical-layer security in multiuser visible light communication systems with non-orthogonal multiple access. IEEE Access, 2018, 6: 34004 – 34017.

[46] ARAFA A, PANAYIRCI E, POOR H V. Relay-aided secure broadcasting for visible light communications. IEEE Trans. Commun. , 2019, 67(6): 4227 – 4239.

[47] ZHU L, XIAO Z, XIA X, ct al. Millimeter-wave communications with non-orthogonal multiple access for B5G/6G. IEEE Access, 2019, 7: 116123 – 116132.

[48] TARIQ F, KHANDAKER M R A, WONG K K, et al. A Speculative Study on 6G. IEEE Wireless Communications, 2020, 27(4): 118 – 125.

[49] Cisco visual networking index: forecast and trends, 2017 – 2022. Cisco, Tech. Rep. , 2018.

[50] EROGLU Y S, YAPICI Y, GÜVENÇI. Impact of Random Receiver Orientation on Visible Light Communications Channel. IEEE Transactions on Communications, 2019, 67(2): 1313 – 1325.

[51] SOLTANI M D, PURWITA A A, ZENG Z, et al. Modeling the Random Orientation of Mobile Devices: Measurement, Analysis and LiFi Use Case. IEEE Transactions on Communications, 2019, 67(3): 2157 – 2172.

[52] GUPTA A, GARG P. Statistics of SNR for an Indoor VLC System and Its Applications in System Performance. IEEE Communications Letters, 2018,

22(9): 1898 – 1901.

[53] MIRAMIRKHANI F, NARMANLIOGLU O, UYSAL M, et al. A mobile channel model for VLC and application to adaptive system design. IEEE Commun. Lett. , 2017, 21(5): 035 – 1038.

[54] CHVOJKA P, ZVANOVEC S, HAIGH P A, et al. Channel characteristics of visible light communications within dynamic indoor environment. J. Lightw. Technol. , 2015, 33(9): 1719 – 1725.

[55] MA S, HE Y, LI H, et al. Optimal power allocation for mobile users in non-orthogonal multiple access visible light communication networks. IEEE Trans. Commun. , 2019, 67(3): 2233 – 2244.

[56] ZHANG R, CUI Y, CLAUSSEN H, et al. Anticipatory association for indoor visible light communication: light, follow me! . IEEE Trans. Wireless Commun. , 2018, 17(4): 2499 – 2510.

[57] JIANG R, WANG Q, HAAS H, et al. Joint user association and power allocation for cell-free visible light communication networks. IEEE J. Sel. Areas Commun. , 2018, 36(1): 136 – 148.

[58] TANG J, DABAGHCHIAN M, ZENG K, et al. Impact of mobility on physical layer security over wireless fading channels. IEEE Trans. Wireless Commun. , 2018, 17(12): 7849 – 7864.

[59] BLOCH M, BARROS J, RODRIGUES M R D, et al. Wireless information-theoretic security. IEEE Trans. Information Theory, 2008, 54 (6): 2515 – 2534.

[60] BOYD S, VANDENBERGHE L. Convex optimization. Cambridge: Cambridge Univ. Press, 2004.

[61] HAN Z, NIYATO D, SAAD W, et al. Game theory in wireless and communication networks. New York: Cambridge Univ. Press, 2011.

[62] TANG X, REN P, HAN Z. Distributed power optimization for security-aware multi-channel full-duplex communications: a variational inequality framework. IEEE Trans. Commun. , 2017, 65 (9): 4065 – 4079.

[63] DEVELDER C, LEENHEER M D, DHOEDT B, et al. Optical networks for grid and cloud computing applications. Proceedings of the IEEE, 2012, 100(5): 1149 – 1167.

第4章 两用户 NOMA 可见光通信 中强用户的物理层安全

  VLC 作为当前 RF 无线通信的一种很有前途的替代和补充[1]，可以利用现有的照明基础设施同时提供照明和数据通信，成为一种室内 5G 通信、物联网设备之间通信的潜在技术。由于广播特性，VLC 特别适用于大规模连接，并支持多个用户访问相同的无线资源。NOMA 作为一种新的多址协议，可在发射端通过功率域进行叠加编码实现对多个用户的多路复用，在接收端通过 SIC 实现解复用，因此特别适合于 VLC 系统。NOMA VLC 系统的吞吐量[2]、覆盖概率[3]、可靠性[4]、频谱效率能量效率[5]和用户公平性[6]都得到了较深入的研究。同时，NOMA – VLC 系统的安全问题也变得越来越重要。如果窃听者与 NOMA 合法用户出现在被 LED 照亮的同一区域，则有用的信息不可避免地容易被窃听。物理层安全已经成为一种很有前途的保护信息不受窃听的方法，近年来引起了广泛的关注，旨在实现物理层的安全传输。

  随着多天线技术的发展，光 MIMO 或 MISO 的 VLC 系统充分利用空间自由度，可以大大提高物理层安全性。同时，为了满足接下来无线通信大容量连接的需求，迫切需要多个用户接入通信系统。然而，目前关于 MISO(或MIMO)VLC 系统安全问题的工作主要集中在单个合法用户遭受一个或多个窃听者的安全威胁[7-8]方面。对于现有的多用户 MISO – VLC 系统[9-10]，尽管已经使用预编码来提高保密性能，但是多用户采用传统的 OMA 方案接入系统，极大地限制了用户的接入数量。将 NOMA 应用于多用户的 MISO – VLC 系统，不仅可以充分利用 NOMA 的潜力来真正支持多个用户，还可以通过波束形成/预编码、人工噪声和传输天线选择技术等多天线技术来提高物理层的安全性。然而，到目前为止，MISO – NOMA VLC 系统的保密性能尚未得到研究。研究 MISO – NOMA VLC 系统的物理层安全性是十分有必要的，原因在于：

  (1) 为了有效地支持大规模的互联，这对于确保即将到来的 5G 网络支持物联网功能至关重要，因此对 NOMA – VLC 系统进行研究是必要的。

（2）在实际应用中，通常需要配置多个 LED 来满足照明要求。多个 LED 分配启用 MISO 或 MIMO 传输方案，也构建了一个多天线发射系统。为了满足实际应用中的 LED 分配，进一步提高多个 NOMA 用户的物理层安全性能，发射机可以采用多个 LED 的多天线技术。

本节研究两用户 MISO - NOMA VLC 系统的物理层安全，其中多个 LED 在被动窃听者存在的情况下通过下行链路 NOMA 为两个合法用户提供服务。所有 LED 均用于以相同功率传输的信号。合法用户和窃听者都使用 PD 接收机来检测和接收光信号，在合法用户和窃听者之间采用选择合并技术。由于从 LED 辐射到具有弱信道增益的用户（称为弱用户）的光信号应该首先由具有强信道增益的用户（称为强用户）进行解码，以便在强用户处启用 SIC[11]，因此，弱用户的保密性能是基于强用户不发布有关弱用户的任何信息。根据 SOP 性能标准，本节分析和测量了两用户 MISO - NOMA VLC 系统中强用户的物理层安全性。为了证明 MISO - NOMA VLC 系统相对于单输入单输出（SISO）NOMA - VLC 系统的优越性，对室内 LED 发射机和 PD 接收器的典型参数进行了数值模拟仿真，其结果表明，MISO - NOMA VLC 系统中强用户的 SOP 性能优于 SISO - NOMA VLC 系统。此外，强用户的 SOP 很大程度上取决于房间布局、合法通道和窃听通道之间的差异，以及 LED 和 PD 的特性。

应该注意的是，在所提出的两用户 MISO - NOMA VLC 系统中，较为常见的情况是每个合法用户和窃听者都有一个 PD 接收器。对于合法用户和/或窃听者具有多个 PD 接收器的 MIMO - NOMA VLC 系统，需要考虑更多因素，如 PD 接收器的几何布局和 MIMO 情况下的复杂信道估计[12-13]，这将增加系统实现的难度和计算复杂度。然而，MIMO 技术是提高系统容量和扩展系统覆盖范围的一种有效方法，它将在我们未来的工作中得到进一步研究。

4.1　系　统　模　型

MISO - NOMA VLC 系统如图 4 - 1 所示，在被动窃听 Eve 存在的情况下，N_A 个 LED 通过下行链路 NOMA 为用户 u 和用户 v 提供服务。每个合法用户和 Eve 都有一个 PD 接收器。所有 PD 接收器均在 LED 的照明区域内，并且对合法用户和 Eve 进行选择合并。由于弱用户的安全性能是以强用户不发布任何关于弱用户的信息为条件的，因此我们重点研究强用户的物理层安全。

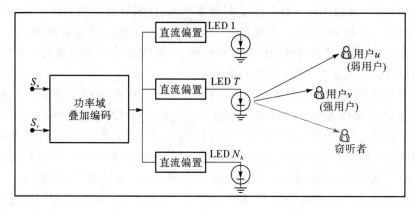

图 4-1　MISO-NOMA VLC 系统模型

在发射端，两个 NOMA 合法用户的信号首先在电域进行功率叠加，然后在叠加编码信号中加入直流偏压，以满足 LED 光电转换的照明要求。因此，来自第 T 个 LED 的信号 $T \in \{1, \cdots, N_A\}$ 可表示为 $x = a_{T,u} \sqrt{P/N_A} s_u + a_{T,v} \sqrt{P/N_A} s_v + I_{DC}$，其中 I_{DC} 是直流偏压，用于设置 LED 的平均辐射光功率并调整室内照明水平；P 是电域信号的总电功率，每个 LED 以相同的功率 P/N_A 传输信号；S_i 表示第 i 个 $(i \in \{u, v\})$ 合法用户的信号，假设平均值为零且 $0 \leqslant |s_i| \leqslant 1$；$a_{T,i}$ 是第 i 个合法用户的第 T 个 LED 的功率分配系数。假设使用固定功率分配方案，并且每个 LED 的 $a_{T,u}$ 和 $a_{T,v}$ 保持不变，为了简单起见，分别用 a_u 和 a_v 表示。根据 NOMA 原理，对于任何 LED，将更多的功率分配给弱用户，而将更少的功率分配给强用户，即 $a_u \geqslant a_v$。系统中只有两个 NOMA 合法用户，其系数应满足：

$$a_u^2 + a_v^2 = 1 \qquad 0 < a_u \leqslant 1, \ 0 < a_v \leqslant 1$$

由于期望 $E\left\{\sum\limits_{i \in \{u,v\}} a_i \sqrt{P/N_A} s_i\right\} = 0$，叠加编码信号 $\sum\limits_{i \in \{u,v\}} a_i \sqrt{P/N_A} s_i$ 不改变平均光功率，因此也不影响照明水平。LED 有限的动态范围和线性光电转换的特性，也应满足一定的约束条件 $\left| \sum\limits_{i \in \{u,v\}} a_i \sqrt{P/N_A} s_i \right| \leqslant I_{DC}$，以使 IM/DD 信道的输入信号为非负实信号。

在接收端，到达的光强度信号首先通过 PD 接收机的光电转换被转换为电流信号，然后去除恒定的直流分量，并在该通信系统中添加噪声。NOMA 合法用户 i 所接收的信号 $y_i = h_{T,i} x + n_{T,i}$，其中 $h_{T,i}$ 是第 T 个 LED 和用户 i 之间的 IM/DD 信道的 DC 增益；$n_{T,i}$ 是信道的加性高斯白噪声，假设其均值为 0，方差为 σ^2。不失一般性，假设信道功率增益满足 $0 < h_{T,u}^2 \leqslant h_{T,v}^2$，其中，

$h_{T,u}^2$ 和 $h_{T,v}^2$ 分别是弱用户和强用户的信道功率增益。根据 NOMA 原理，强用户可以执行 SIC，而弱用户则不可以。因此，在两用户 MISO – NOMA VLC 系统中，从第 T 个 LED 到强用户 v 的信道中的峰值信噪比（SNR）由下式给出：

$$Q_{T,v} = \frac{h_{T,v}^2 a_v^2 \rho}{N_A} \tag{4-1}$$

而从第 T 个 LED 到弱用户 u 的信道中的峰值信干噪比（SINR）为

$$Q_{T,u} = \frac{h_{T,u}^2 a_u^2}{h_{T,u}^2 a_v^2 + N_A/\rho} \tag{4-2}$$

其中，$\rho = P/\sigma^2$ 定义为 LED 发射器对 NOMA 合法用户的传输信噪比。

假设 Eve 已知解码顺序和功率分配系数，采用多用户检测技术能区分多用户信号，并将叠加信号产生的干扰相减。这是分析 NOMA 系统保密性能的一个常见假设。Eve 检测用户 i，$i \in \{u, v\}$ 的信息的信噪比是 $Q_{T,e \to i} = h_{T,e}^2 a_i^2 \rho_e / N_A$，其中 $\rho_e = P/\sigma_e^2$ 和 σ_e^2 是窃听者信道的噪声方差。

4.2　MISO – NOMA 可见光通信信道特性

在 IM/DD 信道中，信息是通过光强度进行传递的。来自 LED 的光通过 PD 接收器前端的光集中器和滤波器进行连续集中和滤波。一般而言，PD 接收器接收的信号包括 LoS 分量和漫射分量。然而已经证明：最强的漫射分量也比最弱的 LoS 分量至少低 7 dB。因此，本节只考虑 LoS 路径。IM/DD 信道的横截面和俯视图如图 4-2(a)、(b) 所示。

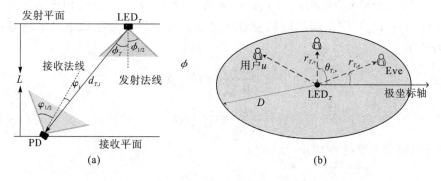

图 4-2　IM/DD 信道的横截面和俯视图

如果 LED 以广义郎伯辐射模式工作，则从第 T 个 LED 信道到用户 i 的 IM/DD 信道的直流增益可描述为

$$h_{T,i} = S\eta(m+1)\cos^m(\phi_T)\cos(\varphi_i)\mathrm{rect}(\varphi_i/\varphi_{1/2})g_{oc}(\varphi_i)g_{of}(\varphi_i)/(2\pi d_{T,i}^2)$$

其中 ϕ_T 是相对于第 T 个 LED 平面的透射法线的辐照角；φ_i 是相对于第 i 个 PD 接收器平面的接收法线的入射角；$\varphi_{1/2}$ 是 PD 接收机的 FoV；rect($\cdot$)是矩形函数，并且当 $\varphi_i \leqslant \varphi_{1/2}$ 时，其值为 1；假设合法用户和 Eve 的 FoV 都足够宽，则可以接收来自 LED 的信号；$d_{T,i}$ 是第 T 个 LED 与第 i 个 PD 接收器之间的传输距离；m 是郎伯辐射的阶数，$m = -\ln 2/\ln\,(\cos\varphi_{1/2})$；$\varphi_{1/2}$ 是 LED 半照度下的半角；g_{oc} 是光集中器增益，$g_{oc}(\varphi_i) = n^2/\sin^2(\varphi_{1/2})$，其中 n 是 PD 接收机前端使用的光集中器的折射率，g_{of} 是滤波系数；S 和 η 分别是 PD 接收机的有效物理探测面积和响应率。

为了简单起见，我们假设 $g_{oc} = g_{of} = 1$ 且 PD 接收器具有较强的自适应调整能力，这是因为在人们的手机中嵌入了陀螺仪传感器、加速度传感器和电子罗盘传感器等各种传感器，所以在实际应用中很容易实现，于是可将入射角调整为 0。假设 PD 接收器平面上的第 T 个 LED 的二维照明区域是半径为 D 的圆，并且第 T 个 LED 在 PD 接收平面上的投影位于中心，于是可得 $d_{T,i}^2 = r_{T,i}^2 + L^2$，其中 L 为三维空间中 LED 平面与 PD 平面之间的垂直距离，也即第 T 个 LED 投影与用户 i 之间的距离，如图 4-2(b) 所示。我们也可以从图 4-2(a) 中得到 $\cos(\varphi_T) = L/d_{T,i}$。因此，从第 T 个 LED 到用户 i 的信道功率增益可以写成

$$h_{T,i}^2 = [S\eta(m+1)L^m/2\pi]^2 (r_{T,i}^2 + L^2)^{-(m+2)} \overset{\text{def}}{=\!=\!=\!=} h(r_{T,i}^2 + L^2)^{-(m+2)}$$

其中 $h = [\dfrac{S\eta(m+1)L^m}{2\pi}]^2$，通常是一个常数。

由于 NOMA 合法用户 i，$i \in \{u,v\}$ 统一位于圆中，$r_{T,i}$ 的 PDF 表达式为 $f(r_{T,i}) = 2r_{T,i}/D^2$。利用随机变量函数的计算方法，无序信道功率增益的 PDF 为

$$\breve{f}(h_{T,i}^2) = \left| \frac{\partial r_{T,i}}{\partial h_{T,i}^2} \right| f(r_{T,i})$$

$$= \frac{1}{m+2} h^{\frac{1}{m+2}} \frac{1}{D^2} (h_{T,i}^2)^{-\frac{1}{m+2}-1} \tag{4-3}$$

无序信道功率增益的 CDF 为

$$\breve{F}_{h_{T,i}^2}(x) = \int_{-\infty}^{x} \breve{f}_{h_{T,i}^2}(y)\mathrm{d}y$$

$$= \int_{-\infty}^{\kappa_{\min}} 0\,\mathrm{d}y + \int_{\kappa_{\min}}^{x} \breve{f}_{h_{T,i}^2}(y)\mathrm{d}y$$

$$= -h^{\frac{1}{m+2}} \frac{1}{D^2} x^{-\frac{1}{m+2}} + \frac{D^2 + L^2}{D^2} \tag{4-4}$$

其中，$\kappa_{\min} \leqslant h_{T,i}^2 \leqslant \kappa_{\max}$ 和 $\kappa_{\min} = \hbar (D^2 + L^2)^{-(m+2)}$，$\kappa_{\max} = \hbar (L^2)^{-(m+2)}$。

采用阶数统计[14]，两用户 MISO – NOMA VLC 系统的有序信道功率增益的 CDF 为

$$F_{h_{T,i}^2}(x) = \frac{1}{2} \left(-\hbar^{\frac{1}{m+2}} \frac{1}{D^2} x^{-\frac{1}{m+2}} + \frac{D^2 + L^2}{D^2} \right)^2, \ i \in \{u, v\} \qquad (4-5)$$

4.3 NOMA 强用户的接收信噪比统计特征

利用信道的统计特性，强用户 v 的 SNR 的 CDF 可以由下式给出：

$$F_{Q_{T,v}}(x) = P(Q_{T,v} \leqslant x)$$

$$= F_{h_{T,v}^2}\left(\frac{x}{a_v^2 \rho}\right) = \frac{1}{2}\left[\tilde{\hbar}(a_v^2)^{-\tilde{m}} x^{\tilde{m}} + \tilde{D}\right]^2 \qquad (4-6)$$

而弱用户 u 的 SINR 的 CDF 可以由下式给出：

$$F_{Q_{T,u}}(x) = \begin{cases} \dfrac{1}{2}\left[\tilde{\hbar}(a_u^2 - x a_v^2)^{-\tilde{m}} x^{\tilde{m}} + \tilde{D}\right]^2, & x < \dfrac{a_u^2}{a_v^2} \\[3mm] 1, & x \geqslant \dfrac{a_u^2}{a_v^2} \end{cases} \qquad (4-7)$$

其中 $\tilde{D} = \dfrac{D^2 + L^2}{D^2}$，$\tilde{\hbar} = \dfrac{-(\hbar\rho)^{\frac{1}{m+2}}}{D^2}$，$\tilde{m} = \dfrac{-1}{m+2}$。

由于窃听者信道的信道功率增益是 $h_{T,e}^2 = \hbar (r_{T,e}^2 + L^2)^{-(m+2)}$，其中 $r_{T,e}$ 是 PD 平面上的第 T 个 LED 投影与 Eve 之间的距离，因此 Eve 用于检测用户 i 消息的 SNR 的 CDF 由式 $F_{Q_{T,e\to i}}(x) = P(Q_{T,e\to i} \leqslant x) = \tilde{\hbar}_e (a_i^2)^{-\tilde{m}} x^{\tilde{m}} + \tilde{D}$ 给出，Eve 用于检测用户 i 消息的 SNR 的 PDF 由下式给出：

$$f_{Q_{T,e\to i}}(x) = \tilde{\hbar}_e \tilde{m} (a_i^2)^{-\tilde{m}} x^{\tilde{m}-1}, \ i \in \{u, v\} \qquad (4-8)$$

其中 $\tilde{\hbar}_e = \dfrac{-(\hbar\rho_e)^{\frac{1}{m+2}}}{D^2}$。

在这些统计特性已知的情况下，用 SOP 衡量保密性能是合适的。当用户 k ($k \in \{u, v\}$) 的保密速率低于目标速率时，就会发生保密中断事件，可以写成 $P_k = P(C_k < R_{th})$，其中 $P(x)$ 是事件 x 发生的概率；R_{th} 是预先设定的目标速率；C_k 是用户 k 的保密速率且 $C_k = [R_k - R_e]^+$，其中 R_k 和 R_e 分别是合法用户和窃听者的可达数据速率，且 $[x]^+ = \max\{x, 0\}$，符号 $\max\{x, 0\}$ 表示计算 x 和 0 的最大值。

4.4　NOMA 强用户的安全中断概率

由于在合法用户和 Eve 的 PD 接收器上采用了选择合并策略，因此强用户 v 的 SNR 的 CDF 可由下式给出：

$$F_{Q_{T,v}}(x) = P(\max_{1 \leqslant T \leqslant N_A} Q_{T,v} < x)$$

$$= P\left[(Q_{T,v} < x)\right]^{N_A}$$

$$= \left[\frac{1}{2}(N_A^{\widetilde{m}} \widetilde{h}(a_v^2)^{-\widetilde{m}} x^{\widetilde{m}} + \widetilde{D})^2\right]^{N_A} \qquad (4-9)$$

而弱用户 u 的 SINR 的 CDF 则由下式给出：

$$F_{Q_{T,u}}(x) = P(\max_{1 \leqslant T \leqslant N_A} Q_{T,u} < x)$$

$$= \left[P(Q_{T,u} < x)\right]^{N_A}$$

$$= \begin{cases} \left[\frac{1}{2}(N_A^{\widetilde{m}} \widetilde{h}(a_u^2 - xa_v^2)^{-\widetilde{m}} x^{\widetilde{m}} + \widetilde{D})^2\right]^{N_A}, & x < \dfrac{a_u^2}{a_v^2} \\[3mm] 1, & x \geqslant \dfrac{a_u^2}{a_v^2} \end{cases} \qquad (4-10)$$

Eve 用于检测用户 i，$i \in \{u, v\}$ 的消息的 SNR 的 CDF 由下式给出：

$$F_{Q_{T,e \to i}}(x) = P(\max_{1 \leqslant T \leqslant N_A} Q_{T,e \to i} < x)$$

$$= \left[N_A^{\widetilde{m}} \widetilde{h}_e(a_i^2)^{-\widetilde{m}} x^{\widetilde{m}} + \widetilde{D}\right]^{N_A} \qquad (4-11)$$

Eve 用于检测用户 i，$i \in \{u, v\}$ 的消息的 SNR 的 PDF 由下式给出：

$$f_{Q_{T,e \to i}}(x) = N_A^{\widetilde{m}+1} \widetilde{h}_e \widetilde{m}(a_i^2)^{-\widetilde{m}} \left[N_A^{\widetilde{m}} \widetilde{h}_e(a_i^2)^{-\widetilde{m}} x^{\widetilde{m}} + \widetilde{D}\right]^{N_A-1} x^{\widetilde{m}-1}$$

$$(4-12)$$

由于两个 NOMA 用户同时存在一个窃听者的 MISO - NOMA VLC 系统，所有的 LED 都被用来传输功率相等的信号，并且在 PD 接收器处对 NOMA 合法用户和窃听者都采用选择合并方案。因此，系统中强用户的 SOP 可以由下式给出：

$$P_v = P\left[\frac{1}{2}\mathrm{lb}(1 + \max_{1 \leqslant T \leqslant N_A} Q_{T,v}) - \frac{1}{2}\mathrm{lb}(1 + \max_{1 \leqslant T \leqslant N_A} Q_{T,e \to v}) < R_{\mathrm{th}}\right]$$

$$= \int_0^{+\infty} F_{Q_{T,v}}(2^{2R_{\mathrm{th}}}(1+x) - 1) f_{Q_{T,e \to v}}(x) \mathrm{d}x \qquad (4-13)$$

将式(3 - 9)和式(3 - 12)代入式(3 - 13)，我们得到了强用户的 SOP，即

$$P_v = \tilde{D}^{3N_A-1} 2^{-N_A} N_A^{\tilde{m}+1} \tilde{\hbar}_e \tilde{m} (a_v^2)^{-\tilde{m}} \sum_{k=0}^{2N_A} \sum_{w=0}^{N_A-1} \binom{2N_A}{k} \binom{N_A-1}{w} \times$$

$$\left[(-1)^{\tilde{m}} \tilde{D}^{-1} N_A^{\tilde{m}} \tilde{\hbar} (a_v^2)^{-\tilde{m}}\right]^k \left[\tilde{D}^{-1} N_A^{\tilde{m}} \tilde{\hbar}_e (a_v^2)^{-\tilde{m}}\right]^w \mho(k) \qquad (4-14)$$

其中 $\mho(k) = \int_0^{+\infty} \left[1 - 2^{2R_{th}}(1+x)\right]^{\tilde{m}k} x^{\tilde{m}-1} x^{\tilde{m}w} \mathrm{d}x$，首先利用文献[15]中的幂级数展开公式将 $\left[1 - 2^{2R_{th}}(1+x)\right]^{\tilde{m}k}$ 项展开，然后保留前两项，忽略高阶项，可得

$$\mho(k) = \int_0^{+\infty} \left[1 - 2^{2R_{th}} \tilde{m}k(1+x)\right] x^{\tilde{m}+\tilde{m}w-1} \mathrm{d}x$$

$$= \frac{1 - 2^{2R_{th}} \tilde{m}k}{\tilde{m} + \tilde{m}w} x^{\tilde{m}+\tilde{m}w} \Big|_{Q_{min}/N_A}^{Q_{max}/N_A} - \frac{2^{2R_{th}} \tilde{m}k}{\tilde{m} + \tilde{m}w + 1} x^{\tilde{m}+\tilde{m}w+1} \Big|_{Q_{min}/N_A}^{Q_{max}/N_A}$$

$$(4-15)$$

其中：

$Q_{min} \leqslant Q_{T,e \to v} \leqslant Q_{max}$，$Q_{min} = a_v^2 \rho_e \hbar (D^2 + L^2)^{-(m+2)}$，

$Q_{max} = a_v^2 \rho_e \hbar (L^2)^{-(m+2)}$

4.5　实验与结果分析

图 4-3 描述了强用户的 SOP 性能与不同数量 LED 的关系。可以看出，MISO-NOMA VLC 系统（$N_A > 1$）的 SOP 性能优于 SISO-NOMA VLC 系统（$N_A = 1$）。$N_A = 1$ 时的 SOP 与文献[16]中的结果一致，其中文献[16]只使用单个 LED，且未采用多天线技术。

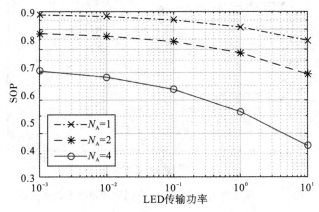

图 4-3　强用户的 SOP 与 LED 数量的关系

从图 4-4 可以看出，缩短 LED 发射平面到 PD 接收平面的距离可以降低 SOP，这是因为 LED 发射平面到 PD 接收平面的相对距离较短时，主信道状况变得更好。因此，接收平面位置保持不变，空间分布对保密性能有很大的影响。

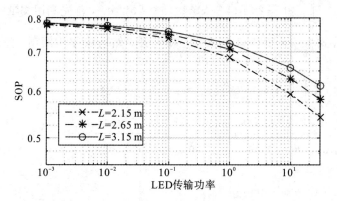

图 4-4 强用户的 SOP 与 LED 发射平面到 PD 接收平面的距离的关系

强用户的 SOP 性能与 PD 不同物理检测面积的关系，如图 4-5 所示，增大 PD 接收面积，SOP 变大，这表明随着接收面积的增大，进入检测面的噪声越多，导致 SOP 增大，安全性能变差。从图 4-6 可以看出，当给定 LED 传输功率时，增加 ρ/ρ_e 的比率可以使强用户的 SOP 降低。这是因为强合法信道和窃听信道之间的信道差异随着 ρ/ρ_e 比率的增大而增大。因此在实际应用中，如果强用户距离窃听者足够远，强用户的 SOP 将保持在一个中等水平。

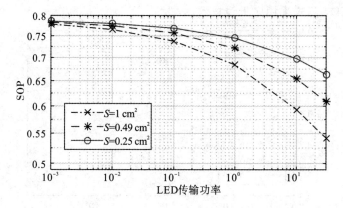

图 4-5 强用户的 SOP 与 PD 不同物理检测面积的关系

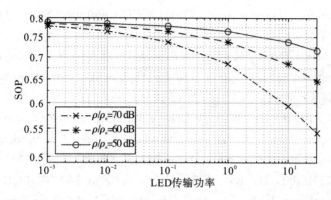

图 4 - 6　强用户的 SOP 与比率 ρ/ρ_e 的关系

　　将本章的方法扩展到具有多个 LED 传输和多个 PD 接收的 MIMO - NOMA VLC 系统将是未来的方向。对于 MIMO - NOMA VLC 系统而言，除了上述所提的因素外，还应考虑 PD 接收器的几何布局（如各自的方向和相对距离）对系统的安全性能的影响，以及比较和分析 MIMO 情况下各种信道的估计算法，如迫零算法、最小均方法和递推最小二乘算法。

本 章 小 结

　　在两用户的下行 NOMA - VLC 中，强用户能够通过串行干扰消除技术去除弱用户的信号。如果不能保证强用户的信息安全，那么弱用户的安全也不能得到保障。本节研究了被动窃听情况下，多个 LED 发射和 PD 接收的两用户 MISO - NOMA VLC 系统中强用户的物理层安全，首先分析了强度调制直接检测信道以及强用户的信噪比统计特性，然后推导出外来窃听条件下 NOMA 强用户的 SOP，最后与 SISO - NOMA VLC 中 NOMA 强用户的 SOP 进行了对比，验证了其优越性。仿真结果表明，MISO - NOMA VLC 系统中强用户的 SOP 性能优于 SISO - NOMA VLC 系统。此外，强用户的 SOP 在很大程度上取决于房间布局、合法信道和窃听者信道之间的差异，以及 LED 和 PD 的特性。

参 考 文 献

［1］　ISHIKAWA N，SUGIURA S，HANZO L. 50 years of permutation, spatial and index modulation：from classic RF to visible light communications and data storage. IEEE Commun. Surv. Tut. , 2018, 20(3): 1905 - 1938.

[2] MARSHOUD H, MUHAIDAT S, SOFOTASIOS P C, et al. Optical non-orthogonal multiple access for visible light communication. IEEE Wireless Commun. , 2018, 25(2): 82 - 88.

[3] YIN L, POPOOLA W O, WU X, et al. Performance Evaluation of Non-Orthogonal Multiple Access in Visible Light Communication. IEEE Transactions on Communications, 2016, 64(12): 5162 - 5175.

[4] MARSHOUD H, KAPINAS V M, KARAGIANNIDIS G K, et al. Non-Orthogonal Multiple Access for Visible Light Communications. IEEE Photonics Technology Letters, 2016, 28(1): 51 - 54.

[5] NAURYZBAYEV G, ABDALLAH M, ELGALA H. On the performance of NOMA-enabled spectrally and energy efficient OFDM (SEE-OFDM) for indoor visible light communications. In IEEE 87th Vehicular Technology Conference (VTC Spring), Porto, Portugal, 2018: 1 - 5.

[6] YANG Z, XU W, LI Y. Fair Non-Orthogonal Multiple Access for Visible Light Communication Downlinks. IEEE Wireless Communications Letters, 2017, 6(1): 66 - 69.

[7] MOSTAFA A, LAMPE L. Optimal and Robust Beamforming for Secure Transmission in MISO Visible-Light Communication Links. IEEE Transactions Signal Processing, 2016, 64(24): 6501 - 6516.

[8] CHO S, CHEN G, COON J P. Securing Visible Light Communication Systems by Beamforming in the Presence of Randomly Distributed Eavesdroppers. IEEE Transactions on Wireless Communications, 2018, 17(5): 2918 - 2931.

[9] ARFAOUI M A, GHRAYEB A, ASSI C M. Secrecy performance of multi-user MISO VLC broadcast channels with confidential messages. IEEE Trans. Commun. , 2018, 17(11): 7789 - 7800.

[10] PHAM T V, HAYASHI T, PHAM A T. Artificial-Noise-Aided Precoding Design for Multi-User Visible Light Communication Channels. IEEE Access, 2019, 7: 3767 - 3777.

[11] FENG Y, YAN S, YANG Z. Secure Transmission to the Strong User in Non-Orthogonal Multiple Access. IEEE Communications Letters, 2018, 22 (12):

96

2623 - 2626.

[12] MASUD RANA MD, KAMAL HOSAIN MD. Adaptive channel estimation techniques for MIMO OFDM systems. International Journal of Advanced Computer Science and Applications(IJACSA), 2010, 6: 134 - 138.

[13] MASUD RANA MD. Performance comparison of LMS and RLS channel estimation algorithms for 4G MIMO systems. In 14th International Conference on Computer and Information Technology (ICCIT), Dhaka, Bangladesh, Dec. 2011: 1 - 5.

[14] AHSANULLAH M, NEVZOROV V B, SHAKIL M. An introduction to order statistics. 3rd ed. Paris: Atlantis Press, 2013.

[15] GRADSHTEYN I S, RYZHIK I M. Tables of Integrals, Series, and Products. 8th edition. Amsterdam: Elsevier, 2015.

[16] ZHAO X, CHEN H B, SUN J Y. On physical-layer security in multiuser visible light communication systems with non-orthogonal multiple access. IEEE Access, 2018, 6: 34004 - 34017.

第5章 智能反射面辅助的可见光通信-射频异构协作 NOMA 网络的物理层安全

VLC 利用现有的基础设施,可同时提供照明和高速通信,并支持海量用户接入。然而,VLC 仅限于短距离且有限覆盖范围的应用,仅适用于收发设备之间的 LoS 链路传输。解决该挑战的有效方法之一,是采用可见光通信-射频(VLC‐RF)异构网络,利用 RF 无线通信的泛在传播特性进行广域覆盖。在此基础上,若结合智能反射面(IRS)技术则可以更好地控制信号传播方向,既能扩大通信覆盖范围又能提升信号 QoS。

本章首先分析 IRS 辅助的射频无线通信系统的性能,然后分析 IRS 辅助的全双工协作 NOMA 系统的性能,在此基础上,研究 IRS 辅助的 VLC‐RF 异构网络中合法用户工作在协作 NOMA 模式下的安全中断问题,从而为基于 NOMA 的多用户协作可见光通信的安全传输提供理论依据。

5.1 智能反射面辅助的射频无线通信系统

近几年来,智能反射面(IRS)辅助的无线通信[1-3]引起了工业界和学术界的极大兴趣。IRS 由大量的超材料元面组成,在可编程控制器的控制下,能够将入射电磁波反射到既定目标。IRS 具有能量效率高和成本低等特性,可以在任意形状物体的表面上部署,从而满足各种要求。通过合理配置 IRS,IRS 辅助的无线通信网络的覆盖率[4]、可靠性[5]和安全性[6]都有了很大的提高。

另一方面,无线网络中节点的移动会给接收信号带来时变特性。为了对 IRS 辅助的无线通信网络性能进行综合评估,需要考虑节点的移动性。文献[7]分析了地面发射器通过 IRS 和低地球轨道卫星之间的上行链路传输,其中轨道信息是先验已知的,并且卫星的位置可以完全预测,IRS 利用该位置来优化卫星通信的链路可靠性。文献[8]提出了一种 IRS 和无人机的合成系统,通过将 IRS 部署在无人机上,来分析无人机高度变化对系统中断性能的影响。然而,目前还没有利用移动模型来研究节点移动对 IRS 辅助的无线通信系统的影响。关于移动模型的研究已经非常广泛，如在移动无线网络[9-10]、可见光通信和 LiFi 网络[11-12]、无人机通信系统[13]中主要研究了随机路点 RWP 移动模型，它们适用于用户在特定区域移动的情况。

出于上述考虑，我们研究了一种用户移动服从 RWP 时 IRS 辅助的无线通信系统，该系统的用户接收来自 IRS 的反射信号，IRS 安装在无人机上并由接入点（Access Point，AP）通过智能控制器来控制。当用户移动时，AP 通过对 IRS 的元面进行编码，以控制 IRS 的反射波束跟随用户。为了研究 IRS 特征和用户移动性对中断性能的影响，首先分析了移动用户接收信噪比的累积分布函数（CDF），然后得到了中断概率（Outage Probability，OP）的近似表达式，最后通过数值仿真验证了分析结果的正确性，并将该系统与传统的放大转发（Amplify-and-Forward，AF）系统进行了比较。仿真结果表明系统的中断性能与 IRS 元面的数量、移动用户的最大活动半径紧密相关。

5.1.1　系统模型

用户移动服从 RWP 时 IRS 辅助的无线通信系统模型，如图 5-1 所示，该系统包括 AP、IRS（安装在无人机上）和移动用户（记作 Bob），Bob 在圆形区域的运动服从 RWP 模型。假定 AP 和 Bob 之间的视线（LoS）链路存在障碍物，其他相同的假设见文献[2,8]。因此，Bob 只接收 IRS 反射的信号，IRS 由 AP 通过可编程控制器控制。需要注意的是，这里采用的无人机只是在一定高度上助力 IRS 实现反射通信的辅助设备，在 IRS 反射通信过程中无人机处于静止状态。并且还应注意，当 Bob 移动时，通过对 IRS 的元面进行编码可以适当地调整 IRS 的相位，从而使 IRS 的反射波束跟随 Bob。

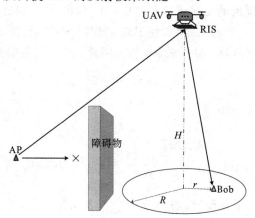

图 5-1　用户移动服从 RWP 时 IRS 辅助的无线通信系统模型

本节所提出的系统适用于多种场景。例如，在地震后的应急网络重建中，由于倒塌的建筑物阻碍了信息传输，灾区用户无法与外界的 AP 直接通信，因此可以通过在无人机上安装 IRS，方便快捷地使灾区用户与外界重新建立网络连接；另外，对于室内应用，如果 AP 和用户之间的 LoS 链路受阻，则可以在天花板上部署 IRS 或将 IRS 内嵌到室内顶灯以辅助通信。

本节所提出的系统中，IRS 平面和用户平面之间的垂直距离为 H，假定其远远大于 IRS 的尺寸，因此 IRS 在用户平面中的投影位于圆的中心。Bob 遵循 RWP 模型在圆中移动，其与投影中心之间的空间间隔距离为 r，$0 \leqslant r \leqslant R$，其中 R 是移动用户(Bob)的最大活动半径。

信号 x 通过 IRS 从 AP 传输到 Bob，则 Bob 接收到的信号 $y = \sqrt{P_a} h x + n$，其中 h 是从 AP 经 IRS 到 Bob 的反射信道的增益，P_a 是 AP 的发射功率，n 是均值为零和方差为 N_0 的加性高斯白噪声(AWGN)。

为了使 IRS 的反射波束与移动用户同步，AP 通过控制智能控制器对 IRS 的相位进行重新配置。假设 IRS 的可重构相位为 $\varphi_i (i = 1, \cdots, N)$，其中 N 是 IRS 的元面总数，那么反射信道的增益可以表示为

$$h = \sum_{i=1}^{N} h_{1,i} \exp(j\varphi_i) h_{2,i} \tag{5-1}$$

式中，$h_{1,i}$ 从 AP 到 IRS 第 i 个 $(i = 1, \cdots, N)$ 元素的信道增益表示，$h_{2,i}$ 从 IRS 第 i 个元素到 Bob 的信道增益表示，分别用 $h_{1,i} = l_\mu^{-\varepsilon/2} \mu_i \exp(-j\phi_i)$ 和 $h_{2,i} = d^{-\varepsilon/2} \nu_i \exp(-j\theta_i)$ 表示，其中，l 和 d 分别是从 AP 到 IRS、从 IRS 到 Bob 的传播距离；路径损耗系数用一个常数 ε 表示；μ_i 和 ϕ_i 分别表示瑞利衰落信道 $h_{1,i}$ 的幅度和相位；ν_i 和 θ_i 分别表示瑞利衰落信道 $h_{2,i}$ 的幅度和相位。在所提出的 IRS 辅助的无线通信系统中，ϕ_i 和 θ_i 是已知的，IRS 的可重构相位 φ_i 可以配置成 $\varphi_i = \phi_i + \theta_i$，以使 Bob 的接收 SNR 最大[14]。相位 ϕ_i 和 θ_i 的估计在本节中没有涉及，将在未来研究。因此，反射信道增益 h 可以简化为

$$h = (ld)^{-\varepsilon/2} \sum_{i=1}^{N} \mu_i \nu_i \tag{5-2}$$

于是，Bob 的接收 SNR 为

$$Q = \frac{P_a |h|^2}{N_0} = \frac{P_a (ld)^{-\varepsilon} \left(\sum_{i=1}^{N} \mu_i \nu_i\right)^2}{N_0} = Q_T (ld)^{-\varepsilon} \left(\sum_{i=1}^{N} \mu_i \nu_i\right)^2$$

其中 $Q_T = \dfrac{P_a}{N_0}$ 是发射信噪比。定义 $\tilde{X} = \sum_{i=1}^{N} \mu_i \nu_i$，$X = \tilde{X}^2$，$C = l^\varepsilon / Q_T$，$Y = C d^\varepsilon$，则 Bob 的接收 SNR 可以表示为

$$Q = \frac{X}{Y} \qquad (5-3)$$

从式(5-3)可以明显看出，变量 X 与 IRS 特征和信道幅度衰落有关，而变量 Y 与 IRS 到 Bob 的传播距离 d 有关，并且 $d = \sqrt{r^2 + H^2}$ 取决于移动用户偏离圆形中心的空间距离 r。因此 Y 与用户移动性有关。X 和 Y 的产生机制完全不同，因此 X 和 Y 可以看作是独立分布的随机变量。

为了研究用户移动服从 RWP 移动模型时 IRS 辅助的射频无线通信系统的性能，有必要首先推导 Bob 接收信噪比 Q 的统计特性。

5.1.2　接收信噪比的统计特征

下面将在 X 和 Y 统计特性的基础上，推导得到 Bob 接收信噪比 Q 的统计特性。

首先，分析变量 X 的统计特性。由文献[15]可知，如果信道振幅 μ_i 和 ν_i 是独立同瑞利分布随机变量，则 X 服从平方 K_G 分布。X 的概率密度函数 (PDF)和累加分布函数(CDF)可分别表示为

$$f_X(x) = \frac{2\Lambda^{g+s}}{\Gamma(g)\Gamma(s)} x^{(g+s)/2-1} K_{g-s}(2\Lambda\sqrt{x}) \qquad (5-4)$$

$$F_X(x) = \int_0^x f_X(u)\,\mathrm{d}u = \frac{1}{\Gamma(g)\Gamma(s)} G_{1,3}^{2,1}\left[\Lambda^2 x \,\middle|\, {}_{g,\,s,\,0}^{1}\right] \qquad (5-5)$$

其中 $K_i(\cdot)$ 是第二类修正的 i 阶贝塞尔函数[16]，g 和 s 是 K_G 分布参数；$G_{a_1,\,a_2}^{a_3,\,a_4}(\cdot)$ 是 Meijer G 函数[16]，其中 a_1, a_2, a_3, a_4 是它的参数；$\Gamma(\cdot)$ 是 Gamma 函数[16]；$\Lambda = \sqrt{gs/E_{\tilde{X}}(2)}$，其中 $E_{\tilde{X}}(2)$ 是 $\tilde{X}$ 的二阶矩。g、s 和 $E_{\tilde{X}}(2)$ 的推导可以参照文献[17]中的公式(14)～(18)。

其次，分析变量 Y 的统计特性。由于 Bob 遵循 RWP 移动模型，在距离中心点空间距离为 r 处的圆形区域中移动，因此 r 的 PDF[9] 可以表示为

$$f_r(r) = \frac{12}{73}\left(\frac{27r}{R^2} - \frac{35r^3}{R^4} + \frac{8r^5}{R^6}\right), \quad 0 \leqslant r \leqslant R \qquad (5-6)$$

由于 IRS 到 Bob 的距离 $d = \sqrt{r^2 + H^2}$，随机变量 $Y = Cd^{\varepsilon}$，利用随机变量函数的分布，可以得到 Y 的 PDF 为

$$f_Y(y) = \left|\frac{\mathrm{d}r}{\mathrm{d}Y}\right| f_r(r) = D_0\left(D_1\left(\frac{y}{C}\right)^{\frac{2}{\varepsilon}-1} - D_2\left(\frac{y}{C}\right)^{\frac{4}{\varepsilon}-1} + D_3\left(\frac{y}{C}\right)^{\frac{6}{\varepsilon}-1}\right)$$

$$\qquad (5-7)$$

其中

$$Y \in [Y_{\min}, Y_{\max}], \text{ 且 } Y_{\max} = C(R^2 + H^2)^{\epsilon/2}, \quad Y_{\min} = CH^{\epsilon}$$

$$D_0 = \frac{12}{73} \frac{1}{\epsilon C}, \quad D_1 = \frac{27}{R^2} + \frac{35H^2}{R^4} + \frac{8H^4}{R^6}, \quad D_2 = \frac{35}{R^4} + \frac{16H^2}{R^6}, \quad D_3 = \frac{8}{R^6}$$

Y 的 CDF 可以表示为

$$F_Y(y) = \int_{Y_{\min}}^{y} f_Y(u) \mathrm{d}u = Y_1 y^{\frac{2}{\epsilon}} - Y_2 y^{\frac{4}{\epsilon}} + Y_3 y^{\frac{6}{\epsilon}} - Y_0 \qquad (5-8)$$

其中

$$Y_0 = \frac{\epsilon D_0 D_1 C}{2} \left(\frac{Y_{\min}}{C}\right)^{2/\epsilon} - \frac{\epsilon D_0 D_2 C}{4} \left(\frac{Y_{\min}}{C}\right)^{4/\epsilon} + \frac{\epsilon D_0 D_3 C}{6} \left(\frac{Y_{\min}}{C}\right)^{6/\epsilon}$$

$$Y_1 = \frac{\epsilon D_0 D_1 C^{1-2/\epsilon}}{2}, \quad Y_2 = \frac{\epsilon D_0 D_2 C^{1-4/\epsilon}}{4}, \quad Y_3 = \frac{\epsilon D_0 D_3 C^{1-6/\epsilon}}{6}$$

最后，分析 Bob 接收信噪比 Q 的统计特性。由于 $Q = \dfrac{X}{Y}$，以及 X 和 Y 是统计独立的，因此 Q 的 CDF 表示为

$$\begin{aligned}
F_Q(Q) &= \int_{Y_{\min}}^{Y_{\max}} \int_{0}^{Qy} f_X(x) f_Y(y) \mathrm{d}x \, \mathrm{d}y \\
&= \int_{Y_{\min}}^{Y_{\max}} f_Y(y) \mathrm{d}y \int_{0}^{Qy} f_X(x) \, \mathrm{d}x \\
&= \int_{Y_{\min}}^{Y_{\max}} F_X(Qy) \, \mathrm{d}F_Y(y) \\
&= F_X(Qy) F_Y(y) \Big|_{Y_{\min}}^{Y_{\max}} - \int_{Y_{\min}}^{Y_{\max}} F_Y(y) \, \mathrm{d}F_X(Qy) \\
&\overset{\text{def}}{=\!=\!=} F_1(Q) - F_2(Q)
\end{aligned} \qquad (5-9)$$

其中

$$F_2(Q) = \int_{Y_{\min}}^{Y_{\max}} F_Y(y) \mathrm{d}F_X(Qy) = \int_{Y_{\min}}^{Y_{\max}} F_Y(y) f_X(Qy) \mathrm{d}(Qy)$$

$$F_1(Q) = F_X(Qy) F_Y(y) \Big|_{Y_{\min}}^{Y_{\max}}$$

接下来，我们分别计算 $F_1(Q)$ 和 $F_2(Q)$。

利用式 $(5-5)$ 和式 $(5-8)$，$F_1(Q)$ 可表示为

$$\begin{aligned}
F_1(Q) = &\frac{Y_1 Y_{\max}^{2/\epsilon} - Y_2 Y_{\max}^{4/\epsilon} + Y_3 Y_{\max}^{6/\epsilon} - Y_0}{\Gamma(g)\Gamma(s)} G_{1,3}^{2,1}\left[\Lambda^2 Q Y_{\max} \Big|_{g,s,0}^{1}\right] - \\
&\frac{Y_1 Y_{\min}^{2/\epsilon} - Y_2 Y_{\min}^{4/\epsilon} + Y_3 Y_{\min}^{6/\epsilon} - Y_0}{\Gamma(g)\Gamma(s)} G_{1,3}^{2,1}\left[\Lambda^2 Q Y_{\min} \Big|_{g,s,0}^{1}\right] \qquad (5-10)
\end{aligned}$$

另一方面，$F_2(Q)$ 可表示为

102

$$
\begin{aligned}
F_2(Q) &= \int_{Y_{\min}}^{Y_{\max}} F_Y(y) f_X(Qy)\,\mathrm{d}(Qy) \\
&= \frac{2\Lambda^{g+s}}{\Gamma(g)\Gamma(s)} \int_{Y_{\min}}^{Y_{\max}} (Y_1 y^{2/\varepsilon} - Y_2 y^{4/\varepsilon} + Y_3 y^{6/\varepsilon} - Y_0) \times \\
&\quad (Qy)^{(g+s)/2-1} K_{g-s}(2\Lambda\sqrt{Qy})\,\mathrm{d}(Qy) \\
&\overset{(a)}{=} \frac{2\Lambda^{g+s}}{\Gamma(g)\Gamma(s)} \int_{QY_{\min}}^{QY_{\max}} \left(Y_1 \left(\frac{u}{Q}\right)^{2/\varepsilon} - Y_2 \left(\frac{u}{Q}\right)^{4/\varepsilon} + Y_3 \left(\frac{u}{Q}\right)^{6/\varepsilon} - Y_0 \right) \times \\
&\quad u^{(g+s)/2-1} K_{g-s}(2\Lambda\sqrt{u})\,\mathrm{d}u \\
&\overset{(b)}{=} \frac{\Lambda^{g+s}}{\Gamma(g)\Gamma(s)} \int_{QY_{\min}}^{QY_{\max}} \left(Y_1 \left(\frac{u}{Q}\right)^{2/\varepsilon} - Y_2 \left(\frac{u}{Q}\right)^{4/\varepsilon} + Y_3 \left(\frac{u}{Q}\right)^{6/\varepsilon} - Y_0 \right) \times \\
&\quad u^{(g+s)/2-1} G_{0,2}^{2,0}\left(\Lambda^2 u \,\middle|\, {}_{(g-s)/2,\,(s-g)/2}\right)\,\mathrm{d}u \\
&\overset{(c)}{\simeq} \frac{\Lambda^{g+s}}{\Gamma(g)\Gamma(s)} \left[Y_1 Q^{-2/\varepsilon} \Gamma\left(g+\frac{2}{\varepsilon}\right)\Gamma\left(s+\frac{2}{\varepsilon}\right) - Y_2 Q^{-4/\varepsilon}\Gamma\left(g+\frac{4}{\varepsilon}\right)\Gamma\left(s+\frac{4}{\varepsilon}\right) + \right. \\
&\quad \left. Y_3 Q^{-6/\varepsilon}\Gamma\left(g+\frac{6}{\varepsilon}\right)\Gamma\left(s+\frac{6}{\varepsilon}\right) - Y_0 \Gamma(g)\Gamma(s) \right]
\end{aligned}
\tag{5-11}
$$

其中，令 $u=Qy$，则式(5-11a)成立；应用文献[18]可得式(5-11b)；应用文献[16]，可得式(5-11c)。

由式(5-10)式(5-11)，Q 的 CDF 最终可表示为

$$
\begin{aligned}
F_Q(Q) &= \frac{Y_1 Y_{\max}^{2/\varepsilon} - Y_2 Y_{\max}^{4/\varepsilon} + Y_3 Y_{\max}^{6/\varepsilon} - Y_0}{\Gamma(g)\Gamma(s)} G_{1,3}^{2,1}\left[\Lambda^2 QY_{\max} \,\middle|\, {}^{1}_{g,\,s,\,0}\right] - \\
&\quad \frac{Y_1 Y_{\min}^{2/\varepsilon} - Y_2 Y_{\min}^{4/\varepsilon} + Y_3 Y_{\min}^{6/\varepsilon} - Y_0}{\Gamma(g)\Gamma(s)} G_{1,3}^{2,1}\left[\Lambda^2 QY_{\min} \,\middle|\, {}^{1}_{a,\,b,\,0}\right] - \\
&\quad \frac{Y_1 \Lambda^{g+s}\Gamma(g+2/\varepsilon)\Gamma(s+2/\varepsilon)}{\Gamma(g)\Gamma(s)} Q^{-2/\varepsilon} + \\
&\quad \frac{Y_2 \Lambda^{g+s}\Gamma(a+4/\varepsilon)\Gamma(b+4/\varepsilon)}{\Gamma(g)\Gamma(s)} Q^{-4/\varepsilon} - \\
&\quad \frac{Y_3 \Lambda^{g+s}\Gamma(g+6/\varepsilon)\Gamma(s+6/\varepsilon)}{\Gamma(g)\Gamma(s)} Q^{-6/\varepsilon} + Y_0 \Lambda^{g+s}
\end{aligned}
\tag{5-12}
$$

5.1.3　系统的中断性能

本节分析用户移动服从 RWP 移动模型时 IRS 辅助的射频无线通信系统的 OP 性能。

当无线链路的接收信噪比 Q 低于阈值 Q_{th} 时，通信将发生中断。因此，Bob 的 OP 表示为

$$P_{OP} = \Pr(Q \leqslant Q_{th})$$

$$= F_Q(Q_{th})$$

$$= \frac{Y_1 Y_{max}^{2/\varepsilon} - Y_2 Y_{max}^{4/\varepsilon} + Y_3 Y_{max}^{6/\varepsilon} - Y_0}{\Gamma(g)\Gamma(s)} G_{1,3}^{2,1}\left[\Lambda^2 Q_{th} Y_{max} \Big|_{g,s,0}^{1}\right]$$

$$- \frac{Y_1 Y_{min}^{2/\varepsilon} - Y_2 Y_{min}^{4/\varepsilon} + Y_3 Y_{min}^{6/\varepsilon} - Y_0}{\Gamma(g)\Gamma(s)} G_{1,3}^{2,1}\left[\Lambda^2 Q_{th} Y_{min} \Big|_{a,b,0}^{1}\right]$$

$$- \frac{Y_1 \Lambda^{g+s} \Gamma(g+2/\varepsilon)\Gamma(s+2/\varepsilon)}{\Gamma(g)\Gamma(s)} Q_{th}^{-2/\varepsilon}$$

$$+ \frac{Y_2 \Lambda^{g+s} \Gamma(a+4/\varepsilon)\Gamma(b+4/\varepsilon)}{\Gamma(g)\Gamma(s)} Q_{th}^{-4/\varepsilon}$$

$$- \frac{Y_3 \Lambda^{g+s} \Gamma(g+6/\varepsilon)\Gamma(s+6/\varepsilon)}{\Gamma(g)\Gamma(s)} Q_{th}^{-6/\varepsilon} + Y_0 \Lambda^{g+s} \tag{5-13}$$

5.1.4 实验与结果分析

本节将给出所提出的 IRS 辅助的射频无线通信系统的 OP 分析结果。为了进行比较，我们还得到了传统的 AF 中继系统的 OP，其中 IRS 辅助系统中的 IRS 被具有固定放大系数的 AF 中继所取代。

图 5-2 绘制了 IRS 元面数 N 变化时 OP 与发射 SNR 的关系。由图可知，将 IRS 元面的数目 N 从 8、9 变化到 10，导致 OP 下降，也就是说，较大的 N 会使中断性能更好；提高发射功率可以提高系统的中断性能。我们还可以知道，IRS 辅助的射频无线通信系统的中断性能总是优于传统的 AF 中继系统，这说明通过 IRS 精确控制信号的传播方向可以大大提高通信系统的中断性能。另外，我们可以知道仿真结果与分析结果总是保持一致。

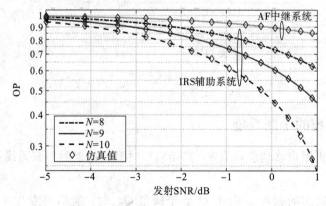

图 5-2　IRS 元面数 N 变化时 OP 与发射 SNR 的关系

图 5-3 绘制了移动用户的最大活动半径 R 变化时 OP 与发射 SNR 的关系。可以看出,给定最大活动半径时,IRS 辅助系统的中断性能总是优于 AF 中继系统。然而,在给定发射 SNR 的情况下,增大最大活动半径会使 IRS 辅助系统和常规 AF 中继系统的中断性能恶化。这是因为增大 R 会使用户接收到的信噪比降低,进而导致系统的中断性能下降。

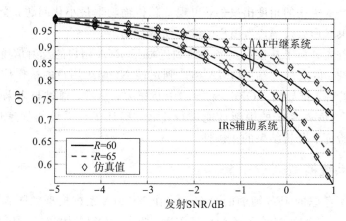

图 5-3　移动用户的最大活动半径 R 变化时 OP 与发射 SNR 的关系

5.2　智能反射面辅助的协作 NOMA 通信系统

近年来智能反射面能重新配置无线传播环境[19-20],成为未来无线通信的一项革命性技术,因而得到了广泛的应用。IRS 由大量无源超表面组成,可以改变和反射信号的方向,并在智能控制器的控制下将信号指向预期目的地。IRS 可以工作在几乎无源的全双工模式[21]下且不产生自干扰,它作为一种新型调制器可以取代射频(RF)链,使 IRS 辅助的无线系统成本更低、能耗更小。为了满足不同的要求,IRS 辅助的无线系统已与其他先进技术相结合,如UAV[22]、VLC[23]、物理层安全[24]、多用户通信[25-26]、多天线通信[27] 和 NOMA 技术[28-29],以提高系统性能。

IRS 与 NOMA 技术的结合为通信网络带来了一种新的愿景,使网络具有高成本效率、高频谱/能源效率、广域覆盖等特点。科研人员对 IRS-NOMA 的研究已经付出了巨大的努力。特别是,文献[30]研究了通过联合设计接入点(AP)的功率分配和 IRS 的相移来最小化发射功率。文献[31]研究了随机离散相移和相干相移对 IRS-NOMA 系统可靠性的影响。文献[32]研究了 IRS 辅助的 NOMA 系统的用户配对,并与一系列 IRS 辅助的正交多址系统进行了比较。

然而，目前很少有人关注 IRS 与协作 NOMA 的整合。协作 NOMA[33-34] 基于 NOMA 中可用的先验信息和用户之间的协作，可以进一步提高系统性能、扩大通信范围。基于 IRS 和协作 NOMA 的优点，本节研究了 IRS 辅助的全双工协作 NOMA 系统的中断性能。需要注意的是，文献[35]也研究了 IRS 辅助的用户协作中继 NOMA 系统，然而，本节与文献[35]的不同之处在于，文献[35]是从优化的角度出发的，出现了总传输功率最小化问题，受限于 IRS 的无源波束成形以及 AP 与用户中继的功率控制。

本节首先分析了从接入点经 IRS 到近端 NOMA 用户的反射信道的信噪比的统计特性，以及从近端 NOMA 用户到远端 NOMA 用户的协作信道的信噪比的统计特性，推导出 NOMA 系统的中断概率；然后，通过与未采用 IRS 的传统协作 NOMA 系统的中断性能进行比较，验证了该系统的优越性；最后，通过仿真验证了分析结果的正确性。

5.2.1 系统模型

本节所考虑的 IRS 辅助的全双工协作 NOMA 系统模型如图 5-4 所示，由一个 AP、一个由 N 个元素组成的 IRS、两个 NOMA 用户（U_1 和 U_2）组成。假设所考虑的两个协作 NOMA 用户与文献[34]中的相同。由于障碍物的影响或阴影作用，AP 和 NOMA 用户之间不存在直达链路，NOMA 用户只能接收来自 IRS 的反射信号。我们称 U_1 是靠近 IRS 的近端用户，U_2 是远端用户。根据用户中继协作 NOMA 原理，U_1 可以通过 SIC 技术获得 U_2 的先验信息。因此，U_1 作为中继将信息转发给 U_2。这里，U_1 利用全双工中继同时执行接收信息和中继传输。该模型可用于改善多小区蜂窝系统中小区边缘用户的性能或提高 D2D 通信系统的可靠性。

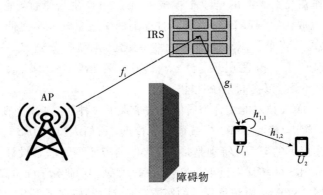

图 5-4 IRS 辅助的全双工协作 NOMA 系统模型

本节中所用的系统参数如表 5-1 所示。对于本节所提出的 IRS 辅助的全双工协作 NOMA 系统，从 AP 经 IRS 到 U_1 的反射信道增益为 $h_1 = \sum_{i=1}^{N} f_i \lambda_i g_i$，从 AP 到第 i 个（$i=1, \cdots, N$）IRS 单元的信道增益为 $f_i = l^{-\varepsilon/2} \mu_i \exp(-\mathrm{j}\phi_i)$，从第 i 个（$i=1, \cdots, N$）IRS 单元到 U_1 的信道增益为 $g_i = d^{-\varepsilon/2} \nu_i \exp(-\mathrm{j}\theta_i)$。IRS 的第 i 个（$i=1, \cdots, N$）单元的反射因子为 $\lambda_i = \exp(\mathrm{j}\varphi_i)$，其中可重构相位 φ_i 可以配置为 $\varphi_i = \phi_i + \theta_i$，以使得近端 NOMA 用户的 SNR 最大。

表 5-1　系　统　参　数

参　数	描　述
f_i	从 AP 到第 i 个（$i=1, \cdots, N$）IRS 单元的信道增益
g_i	从第 i 个（$i=1, \cdots, N$）IRS 单元到 U_1 的信道增益
λ_i	第 i 个（$i=1, \cdots, N$）单元的反射因子
h_1	从 AP 经 IRS 到 U_1 的反射信道增益
$h_{1,1}$	从 U_1 到 U_1 的冗余自干扰信道增益
$h_{1,2}$	从 U_1 到 U_2 的 NOMA 协作信道增益
l	从 AP 到 IRS 的传输距离
d	从 IRS 到 U_1 的传输距离
μ_i	f_i 的瑞利衰落幅度
ν_i	g_i 的瑞利衰落幅度
ϕ_i	f_i 的瑞利衰落相位
θ_i	g_i 的瑞利衰落相位
φ_i	IRS 的可重构相位
ε	路损指数

因此，反射信道的增益可简化为

$$h_1 = (ld)^{-\varepsilon/2} \sum_{i=1}^{N} \mu_i \nu_i \tag{5-14}$$

对于 IRS 辅助的全双工协作 NOMA 系统，近端用户 U_1 执行 SIC，并在接收来自 IRS 的信号的同时将检测到的信息转发给远端用户 U_2，同时 U_1 遭受冗余自干扰。因此，U_1 接收的信号可表示为

$$y_1 = h_1 \sqrt{P_s} (w_1 s_1 + w_2 s_2) + h_{1,1} \sqrt{P_1} x + n_1 \tag{5-15}$$

其中，P_s 是 AP 的发射功率；s_m 为第 $m(m \in \{1, 2\})$ 个 NOMA 用户分配的信息信号，其功率系数为 w_m，满足 $w_1 < w_2$，$w_1^2 + w_2^2 = 1$。从 U_1 到 U_1 的冗余自干扰信道增益为 $h_{1,1}$。U_1 以功率 P_1 进行传输，自干扰信号 x 满足 $E[|x|^2] = 1$，其中 $E[\cdot]$ 代表期望运算。n_1 是具有零均值和方差 N_1 的加性高斯白噪声。

U_2 接收的信号可表示为

$$y_2 = h_{1,2} \sqrt{P_1} s_2 + n_2 \tag{5-16}$$

其中，$h_{1,2}$ 是从 U_1 到 U_2 的 NOMA 协作信道增益；n_2 是具有零均值和方差 N_2 的加性高斯白噪声。

采用 SIC 技术，近端用户 U_1 首先解码远端用户 U_2 的信息，然后从接收信号中减去该信息以恢复其自身的信息。因此，在 U_1 处检测 U_2 的信息 s_2 的信号干扰噪声比（SINR）可以表示为 $Q_{1,2} = P_s w_2^2 |h_1|^2 / (P_s w_1^2 |h_1|^2 + P_1 |h_{1,1}|^2 + N_1)$。令从 AP 经 IRS 到 U_1 的反射信道的 SNR 为 $\gamma_1 = P_s |h_1|^2 / N_1$，令从 U_1 到 U_1 的冗余自干扰信道的 SNR 为 $\gamma_s = P_1 |h_{1,1}|^2 / N_1$，则在 U_1 处检测 U_2 的信息 s_2 的 SINR 可以表示为

$$Q_{1,2} = \frac{w_2^2 \gamma_1}{w_1^2 \gamma_1 + \gamma_s + 1} \tag{5-17}$$

U_1 检测自身信息 s_1 的 SINR 可以表示为

$$Q_{1,1} = \frac{P_s w_1^2 |h_1|^2}{P_1 |h_{1,1}|^2 + N_1} = \frac{w_1^2 \gamma_1}{\gamma_s + 1} \tag{5-18}$$

U_1 若能检测 U_2 的信息 s_2，则 U_2 检测自身信息 s_2 的 SNR 可以表示为

$$\gamma_2 = \frac{P_1 |h_{1,2}|^2}{N_2} \tag{5-19}$$

5.2.2 接收信噪比的统计特征

为了获得 IRS 辅助的全双工协作 NOMA 系统的性能，有必要确定 γ_1、γ_2、γ_s 的统计特征。

对于从 AP 经 IRS 到 U_1 的反射信道的 SNR，$\gamma_1 = \bar{\gamma}_1 X^2$。其中，$\bar{\gamma}_1$ 是平均信噪比：$\bar{\gamma}_1 = P_s (ld)^{-\epsilon} / N_1$，而且 $X = \sum_{i=1}^{N} X_i = \sum_{i=1}^{N} \mu_i \nu_i$。从文献[15]我们知道，如果信道振幅 μ_i 和 ν_i 是独立同瑞利分布随机变量，均值为 $\sqrt{\pi}/2$，方差为 $1 - \pi/4$，则 X^2 服从平方 K_G 分布。γ_1 的 PDF 可表示为

$$f_{\gamma_1}(r) = \frac{2\Lambda^{a+b}}{\Gamma(a)\Gamma(b)} r^{(a+b)/2-1} K_{a-b}(2\Lambda\sqrt{r}) \tag{5-20}$$

108

γ_1 的 CDF 可表示为

$$F_{\gamma_1}(r) = \int_0^r f_{\gamma_1}(u)\mathrm{d}u = \frac{1}{\Gamma(a)\Gamma(b)}G_{1\,;\,3}^{2\,;\,1}\left[\Lambda^2 r \mid {}_{a,\,b,\,0}^{1}\right] \qquad (5-21)$$

其中 $G_{q_1\,;\,q_2}^{q_3\,;\,q_4}(\bullet)$ 是 Meijer G 函数[16]，其中 q_1，q_2，q_3，q_4 是它的参数；$K_n(\bullet)$ 是第二类修正的 n 阶贝塞尔函数[16]，$\Gamma(\bullet)$ 是 Gamma 函数[16]；$\Lambda=\sqrt{ab/\bar{\gamma}_1\beta_X(2)}$，其中 a 和 b 是 K_G 分布参数；$\beta_X(2)$ 是 X 的二阶矩。X 的 j 阶矩可以通过

$$\beta_X(j) = \sum_{j_1=0}^{j}\sum_{j_2=0}^{j_1}\cdots\sum_{j_{N-1}=0}^{j_{N-2}}\binom{j}{j_1}\binom{j_1}{j_2}\cdots\binom{j_{N-2}}{j_{N-1}}\beta_{X_i}(j-j_1)\beta_{X_i}(j_1-j_2)\cdots\beta_{X_i}(j_{N-1})$$

$$(5-22)$$

计算得出。其中，$\beta_{X_i}(j)=[\Gamma(1+j/2)]^2$。利用 X 的二、四、六阶矩，并根据文献[17]中的公式(14)～(18)我们可以方便地获得 a 和 b。

对于从 U_1 到 U_2 的协作 NOMA 信道，考虑到 $h_{1,2}$ 服从瑞利衰落，$\gamma_2 \sim \exp(1/\bar{\gamma}_2)$ 永远成立，其中 $\bar{\gamma}_2 = E[|h_{1,2}|^2]P_1/N_2$。

为简化分析，假设从 U_1 到 U_1 的冗余自干扰信道的 SNR 的 γ_S 为常数。

5.2.3　系统的中断性能

当无线链路的可达数据速率低于目标速率时，会发生中断。

我们首先获得了 IRS 辅助的全双工协作 NOMA 系统的中断概率；为作比较，我们还得到了未采用 IRS 的协作 NOMA 系统的中断概率。

1. IRS 辅助的协作 NOMA 系统中断概率

近端用户 U_1 的中断包含两种情况：一种是 U_1 无法检测 U_2 的信息 s_2，导致 SIC 中断；另一种是 U_1 可以检测 U_2 的信息 s_2，但 U_1 的总接收 SINR 不能支持目标速率。因此，可以将近端用户 U_1 的中断概率写为

$$P_{1,\,\mathrm{out}} = \Pr\left(\frac{1}{2}\mathrm{lb}(1+Q_{1,2}) < R_{\mathrm{th0}}\right) +$$

$$\Pr\left(\frac{1}{2}\mathrm{lb}(1+Q_{1,2}) > R_{\mathrm{th0}}, \frac{1}{2}\mathrm{lb}(1+Q_{1,1}) < R_{\mathrm{th1}}\right) \qquad (5-23)$$

其中，目标速率 R_{th0} 用于限制从 AP 经 IRS 到 U_1 的反射信道解码 U_2 信息的数据速率，目标速率 R_{th1} 用于检测 U_1 自身信息。

类似地，远端用户 U_2 经历的中断也遵循两种情况：一种是 U_1 无法检测 U_2 的信息 s_2，导致 U_2 根本无法接收信息；另一种是 U_1 可以检测并转发 U_2 的信息 s_2，但 U_2 的总接收 SINR 不能支持目标速率 R_{th2}。因此，远端用户 U_2 的

中断概率可以写为

$$P_{2,\text{out}} = \Pr\left(\frac{1}{2}\text{lb}(1+Q_{1,2}) < R_{\text{th0}}\right) +$$

$$\Pr\left(\frac{1}{2}\text{lb}(1+Q_{1,2}) > R_{\text{th0}}, \frac{1}{2}\text{lb}(1+Q_2) < R_{\text{th2}}\right) \quad (5-24)$$

接下来,将分别计算近端用户 U_1 和远端用户 U_2 的中断概率。

令 $\tau_0 = 2^{2R_{\text{th0}}}-1$,$\tau_1 = 2^{2R_{\text{th1}}}-1$,$\tau_2 = 2^{2R_{\text{th2}}}-1$;则近端用户 U_1 的中断概率可以写为

$$\begin{aligned}
P_{1,\text{out}} &= \Pr(Q_{1,2} < \tau_0) + \Pr(Q_{1,2} > \tau_0, Q_{1,1} < \tau_1) \\
&= \Pr(Q_{1,2} < \tau_0) + \Pr(Q_{1,2} > \tau_0)\Pr(Q_{1,1} < \tau_1) \quad (5-25) \\
&= \Pr(Q_{1,2} < \tau_0) + [1 - \Pr(Q_{1,2} < \tau_0)]\Pr(Q_{1,1} < \tau_1)
\end{aligned}$$

显然,要获得 $P_{1,\text{out}}$,有必要首先获得 $\Pr(Q_{1,2} < \tau_0)$ 和 $\Pr(Q_{1,1} < \tau_1)$。由于

$$\lim_{\gamma_1 \to \infty} Q_{1,2} = \lim_{\gamma_1 \to \infty} \frac{w_2^2 \gamma_1}{w_1^2 \gamma_1 + \gamma_s + 1} = \frac{w_2^2}{w_1^2}$$

如果 $\tau_0 \geqslant w_2^2/w_1^2$,那么 $\Pr(Q_{1,2} < \tau_0) = 1$ 永远成立;如果 $0 < \tau_0 < w_2^2/w_1^2$,那么

$$\Pr(Q_{1,2} < \tau_0) = \Pr\left(\gamma_1 < \frac{\tau_0(\gamma_s+1)}{w_2^2 - \tau_0 w_1^2}\right) = F_{\gamma_1}\left(\frac{\tau_0(\gamma_s+1)}{w_2^2 - \tau_0 w_1^2}\right)$$

其中根据 NOMA 原理,$w_2^2 > \tau_0 w_1^2$ 永远成立。简单来说,$\Pr(Q_{1,2} < \tau_0)$ 可以描述为

$$\Pr(Q_{1,2} < \tau_0) = \begin{cases} 1, & \tau_0 \geqslant \dfrac{w_2^2}{w_1^2} \\ F_{\gamma_1}\left(\dfrac{\tau_0(\gamma_s+1)}{w_2^2 - \tau_0 w_1^2}\right), & 0 < \tau_0 < \dfrac{w_2^2}{w_1^2} \end{cases} \quad (5-26)$$

类似地,$\Pr(Q_{1,1} < \tau_1)$ 可以描述为

$$\Pr(Q_{1,1} < \tau_1) = \Pr\left(\gamma_1 < \frac{\tau_1(\gamma_s+1)}{w_1^2}\right) = F_{\gamma_1}\left(\frac{\tau_1(\gamma_s+1)}{w_1^2}\right) \quad (5-27)$$

因此,近端用户 U_1 的中断概率最终可以描述为

$$P_{1,\text{out}} = \begin{cases} 1, & \tau_0 \geqslant \dfrac{w_2^2}{w_1^2} \\ F_{\gamma_1}\left(\dfrac{\tau_0(\gamma_s+1)}{w_2^2 - \tau_0 w_1^2}\right) + \left[1 - F_{\gamma_1}\left(\dfrac{\tau_0(\gamma_s+1)}{w_2^2 - \tau_0 w_1^2}\right)\right] F_{\gamma_1}\left(\dfrac{\tau_1(\gamma_s+1)}{w_1^2}\right), & 0 < \tau_0 < \dfrac{w_2^2}{w_1^2} \end{cases}$$

$$(5-28)$$

由于 $\Pr(Q_2 < \tau_2) = \int_0^{\tau_2} (1/\bar{\gamma}_2) e^{-(u/\bar{\gamma}_2)} \mathrm{d}u = 1 - e^{-\tau_2/\bar{\gamma}_2}$,因此远端用户 U_2 的中断概率可以描述为

$$P_{2,\,\mathrm{out}} = \begin{cases} 1, & \tau_0 \geqslant \dfrac{w_2^2}{w_1^2} \\[4mm] F_{\gamma_1}\left(\dfrac{\tau_0\,(\gamma_\mathrm{S}+1)}{w_2^2 - \tau_0 w_1^2}\right) + \left[1 - F_{\gamma_1}\left(\dfrac{\tau_0\,(\gamma_\mathrm{S}+1)}{w_2^2 - \tau_0 w_1^2}\right)\right]\left[1 - \exp\left(-\dfrac{\tau_2}{\overline{\gamma}_2}\right)\right], & 0 < \tau_0 < \dfrac{w_2^2}{w_1^2} \end{cases}$$

$$(5-29)$$

2. 未采用 IRS 的协作 NOMA 系统中断概率

为了进行比较，我们推导了未采用 IRS 的协作 NOMA 系统的中断概率。AP 直接将叠加信号发送给 U_1，U_1 在接收信号时，执行 SIC 并转发给 U_2，同时 U_1 遭受冗余自干扰。注意，AP 与 U_2 之间没有直达链路。从 AP 到 U_1 的信道的信噪比为 $\gamma_1' = P_\mathrm{s}|h_1'|^2/N_1$，其中 h_1' 是从 AP 到 U_1 的信道增益。考虑该信道服从瑞利衰落，$\gamma_1' \sim \exp(1/\overline{\gamma}_1')$ 恒成立，其中 $\overline{\gamma}_1'$ 为平均信噪比，$\overline{\gamma}_1' = E[|h_1'|^2]P_\mathrm{s}/N_1$。因此，未采用 IRS 的协作 NOMA 系统，其近端用户 U_1 的中断概率可以描述为

$$P_{1,\,\mathrm{out}}' = \begin{cases} 1, & \tau_0 \geqslant \dfrac{w_2^2}{w_1^2} \\[4mm] \exp\left(-\dfrac{\tau_0\,(\gamma_\mathrm{S}+1)}{(w_2^2 - \tau_0 w_1^2)\,\overline{\gamma}_1'}\right)\left[1 - \exp\left(-\dfrac{\tau_1\,(\gamma_\mathrm{S}+1)}{w_1^2\,\overline{\gamma}_1'}\right)\right] + 1 - \\[4mm] \exp\left(-\dfrac{\tau_0\,(\gamma_\mathrm{S}+1)}{(w_2^2 - \tau_0 w_1^2)\,\overline{\gamma}_1'}\right), & 0 < \tau_0 < \dfrac{w_2^2}{w_1^2} \end{cases} \quad (5-30)$$

未采用 IRS 的协作 NOMA 系统，其远端用户 U_2 的中断概率可以描述为

$$P_{2,\,\mathrm{out}}' = \begin{cases} 1, & \tau_0 \geqslant \dfrac{w_2^2}{w_1^2} \\[4mm] \exp\left(-\dfrac{\tau_0\,(\gamma_\mathrm{S}+1)}{(w_2^2 - \tau_0 w_1^2)\,\overline{\gamma}_1'}\right)\left[1 - \exp\left(-\dfrac{\tau_2}{\overline{\gamma}_2}\right)\right] + 1 - \\[4mm] \exp\left(-\dfrac{\tau_0\,(\gamma_\mathrm{S}+1)}{(w_2^2 - \tau_0 w_1^2)\,\overline{\gamma}_1'}\right), & 0 < \tau_0 < \dfrac{w_2^2}{w_1^2} \end{cases} \quad (5-31)$$

5.2.4　实验与结果分析

本小节通过仿真分析了 IRS 辅助的全双工协作 NOMA 系统的中断性能，并将其与未采用 IRS 的协作 NOMA 系统进行了比较。

仿真过程中，我们考虑用户对 (U_1, U_2) 的协作 NOMA 传输。从 AP 到 IRS 的传输距离 $l = 20\ \mathrm{m}$，从 IRS 到 U_1 的传输距离 $d = 6\ \mathrm{m}$。发射信噪比 P_1/N_1 介于 0 dB 到 20 dB 之间。为便于简化，假设 $R_{\mathrm{th}0} = R_{\mathrm{th}1} = R_{\mathrm{th}2} = R_{\mathrm{th}}$。

　　图 5-5 对比分析了 IRS 辅助的全双工协作 NOMA 系统与未采用 IRS 的协作
NOMA 系统的远端用户在 $\gamma_s = 0$ dB、不同 IRS 单元数目 N 情况下的中断概率。无
论功率分配系数和目标速率如何，IRS 辅助的全双工协作 NOMA 系统中 U_2 的中断
性能始终优于未采用 IRS 的协作 NOMA 系统中 U_2 的中断性能，这表明，通过 IRS
精确控制信号的传播可以极大地提高系统性能。从图 5-5 中还可以看出，仿真结
果与分析结果总是一致的。对于 IRS 辅助的全双工协作 NOMA 系统，我们将 N 从
8 变化到 12，中断性能随着 N 的增加而提高。给定 N 的条件下，提高发射信噪比
可以提高中断性能。比较图 5-5(a)和图 5-5(c)，如果给定 U_1 的功率分配系数，
即 $w_1 = 0.1$，则将 R_{th} 从 0.2 b·s^{-1}/Hz 增加到 1 b·s^{-1}/Hz 会使远端用户的中断
概率增加。这意味着增加中断阈值将使中断性能下降。比较图 5-5(a)和
图 5-5(b)，如果给定 R_{th} 和发射信噪比，远端用户的中断性能会随着 w_1 的增加而

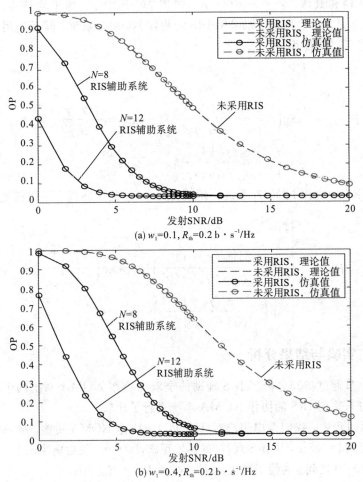

(a) $w_1 = 0.1$, $R_{th} = 0.2$ b·s^{-1}/Hz

(b) $w_1 = 0.4$, $R_{th} = 0.2$ b·s^{-1}/Hz

恶化。这一结论与文献[34]中的结果一致，其原因是增加近端用户的功率分配系数 w_1 将导致分配给远端用户的功率降低，进一步导致远端用户的接收信噪比降低。如图 5-5 所示，如果给定中断概率和噪声方差 N_1，则无 IRS 的协作 NOMA 系统所需的发送功率高于有 IRS 的协作 NOMA 系统，这与文献[32，35]中的结果一致。

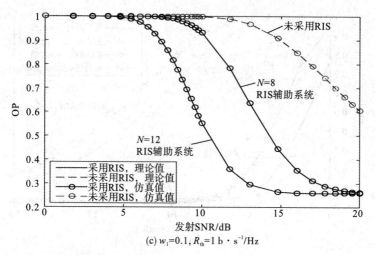

(c) $w_1=0.1, R_{th}=1$ b · s^{-1}/Hz

图 5-5　比较 IRS 辅助的全双工协作 NOMA 系统与未采用 IRS 的协作 NOMA 系统的
远端用户在 $\gamma_S=0$ dB、不同 IRS 单元数目 N 情况下的中断概率

图 5-6 对比分析了 IRS 辅助的全双工协作 NOMA 系统与未采用 IRS 的协作 NOMA 系统的远端用户在 $N=12$、不同冗余自干扰 γ_S 情况下的中断概率。同样可知，无论功率分配系数和目标速率如何，IRS 辅助的全双工协作 NOMA 系

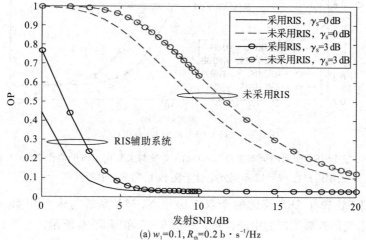

(a) $w_1=0.1, R_{th}=0.2$ b · s^{-1}/Hz

统中 U_2 的中断性能始终优于未采用 IRS 的协作 NOMA 系统中 U_2 的性能。对于这两种系统，随着冗余自干扰的增加，中断性能都会恶化，这意味着 NOMA 协作传输的性能增益随着冗余自干扰的增加而减少。如图 5-6 所示，如果给定中断概率和噪声方差 N_1，IRS 辅助的全双工协作 NOMA 系统所需的发送功率随着冗余自干扰的增加而增加，这与文献[35]中的结果一致。

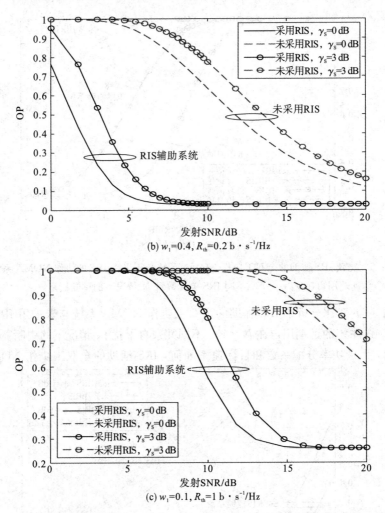

(b) $w_1=0.4$, $R_{th}=0.2\,\text{b}\cdot\text{s}^{-1}/\text{Hz}$

(c) $w_1=0.1$, $R_{th}=1\,\text{b}\cdot\text{s}^{-1}/\text{Hz}$

图 5-6　比较 IRS 辅助的全双工协作 NOMA 系统与未采用 IRS 的协作 NOMA 系统的远端用户在 $N=12$ 不同冗余自干扰 γ_s 情况下的中断概率

我们还比较了 IRS 辅助的全双工协作 NOMA 系统与未采用 IRS 的协作 NOMA 系统的近端用户的中断性能，如图 5-7 和图 5-8 所示。对于 U_1 而言，无论功率分配系数和目标速率如何，IRS 辅助的全双工协作 NOMA 系统的中断性能始终优于未采用 IRS 的协作 NOMA 系统。对于这两种系统，增加冗余自干扰将使 U_1 的中断性能降低。比较图 5-7(a) 与图 5-7(b)，我们知道给定 R_{th} 和发送 SNR，近端用户的中断性能随着 w_1 的增加而提升，这是因为 w_1 的增加意味着 AP 向近端用户分配了更多功率。比较图 5-7(b) 和图 5-5(b)，我们可以知道在相同条件下，U_1 的中断性能总是不如 U_2，通过对比图 5-8(b) 与图 5-6(b) 亦可得出相同的结论。例如，当发送 SNR 为 10 dB 时，图 5-7(b) 中 $N=8$ 的 IRS 辅助系统 U_1 的中断概率为 0.71，而图 5-5(b) 中 $N=8$ 的 IRS 辅助系统 U_2 的中断概率约为 0.06；图 5-7(b) 中未采用 IRS 的系统 U_1 的中断概率约为 0.99，而

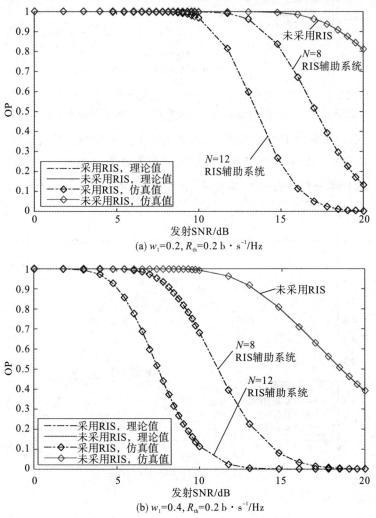

(a) $w_1=0.2$, $R_{th}=0.2 \, \text{b} \cdot \text{s}^{-1}/\text{Hz}$

(b) $w_1=0.4$, $R_{th}=0.2 \, \text{b} \cdot \text{s}^{-1}/\text{Hz}$

115

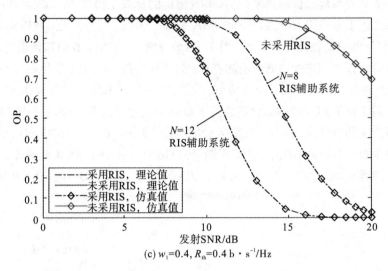

(c) $w_1=0.4$, $R_{th}=0.4$ b·s^{-1}/Hz

图 5-7　比较 IRS 辅助的全双工协作 NOMA 系统与未采用 IRS 的协作 NOMA 系统的
近端用户在 $\gamma_s=0$ dB 不同 IRS 单元数目 N 情况下的中断概率

图 5-5(b)中未采用 IRS 的系统 U_2 的中断概率约为 0.66。导致这样的原因是 NOMA 的功率分配系数在改进系统性能方面发挥着极其重要的作用，AP 分配给 U_1 的功率分配系数 $w_1=0.4$ 时，分配给 U_2 的系数 $w_2=\sqrt{1-w_1^2}=0.84$，w_1 远小于 w_2。

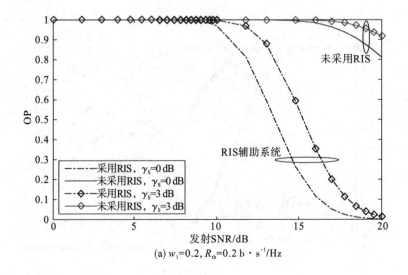

(a) $w_1=0.2$, $R_{th}=0.2$ b·s^{-1}/Hz

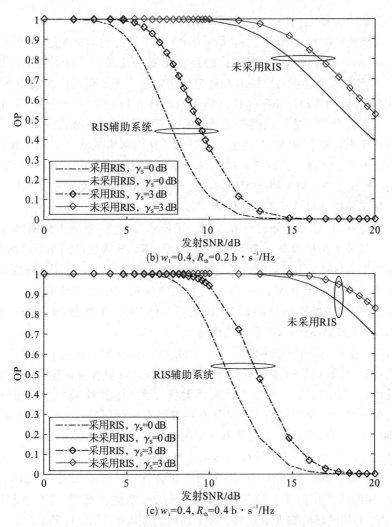

图 5-8　比较 IRS 辅助的全双工协作 NOMA 系统与未采用 IRS 的协作 NOMA 系统的近端用户在 $N=12$ 不同冗余自干扰 γ_{S} 情况下的中断概率

5.3　智能反射面辅助的基于协作 NOMA 的可见光通信-射频异构网络物理层安全

与传统的基于 OMA 的可见光通信网络相比，NOMA-VLC 网络利用现有的基础设施，可同时提供照明和高速通信，支持海量用户接入网络，并具备优越的频谱效率。然而，NOMA-VLC 仅限于短距离且有限覆盖范围的应用，

117

仅适用于收发设备之间的 LoS 链路传输。

解决该挑战的有效方法之一，是采用 NOMA 使能的可见光通信-射频（VLC-RF）异构网络，利用 RF 无线通信的泛在传播特性进行广域覆盖，以及利用 NOMA-VLC 实现海量用户接入和高速通信，进一步提高用户的 QoS[35-37]。这种 NOMA 使能的 VLC-RF 异构网络在网络吞吐量[38]、覆盖范围[39]、能量效率[40]、中断性能[41]等方面已经被证明远远优于可见光、射频独立网络。

近几年来，关于 NOMA 使能 VLC-RF 异构网络的研究受到了国内外科学工作者的广泛关注。比较突出的工作包括：文献[42]考虑了非理想 CSI 和用户移动，研究了 NOMA 使能 VLC-RF 异构网络的能量效率；文献[43]针对两用户基于协作 NOMA 进行通信的 VLC-RF 异构网络，通过优化设计弱用户的服务链路（独立可见光链路或 VLC-RF 异构链路）来最大化网络吞吐量；文献[44]将该工作扩展至一个多小区的 VLC-RF 异构通信网络，对每个小区包含的两个 NOMA 用户，形成了链路选择和功率分配的联合优化问题；文献[45]分析了低空平台上基于 NOMA 的自由空间光（Free Space Optic，FSO）和 RF 协作系统的中断性能。文献[46]比较了上行 NOMA 混合 RF-FSO 系统与上行 NOMA 双跳 RF-RF 系统的性能。

然而，在 VLC-RF 异构网络中，通过无线链路（无论是光无线链路还是射频无线链路）传输信息时难免会发生信息泄露[47]，窃听者可以窃听发送给合法用户的信息。物理层安全技术[48-49]利用无线信道的差异性来区分不同接收者，为合法用户设计安全传输方案，从而在物理层直接保证其信息安全传输。这种技术不仅为防御窃听攻击提供了第一道防线，而且是传统加密安全技术的一个有效补充。目前 VLC-RF 异构网络的物理层安全研究[50-52]主要集中在单个合法用户上，无法满足实际应用中海量用户和设备的无线通信需求。因此，研究 NOMA 使能的 VLC-RF 异构网络的物理层安全势在必行。NOMA 使能的 VLC-RF 异构网络的物理层安全性能的确定，将用来优化设计多用户 VLC-RF 异构网络的参数。

另一方面，IRS 辅助的无线通信技术近年来引起了广泛关注。IRS 是由许多智能反射元面组成的无源的超材料表面。IRS 辅助的无线通信最为突出的优势是在智能控制器的作用下可以重构无线传播环境，能够将入射到 IRS 表面上的电磁波反射传送到既定的目标。IRS 辅助的无线通信可以以非常低的功耗极大地提高数据传输速率。此外，IRS 配置复杂度低，易于部署在各种形状的物体表面。基于这些特点，IRS 被引入到物理层安全研究中[53-54]。针对 IRS 辅助的射频无线通信系统，研究人员展开了单用户的安全速率最大化研究[55-57]、安全中断概率研究[58-59]、多用户的最小安全速率最大化研究[60]以及网络和安全速率最大化研究[61]。针对 IRS 辅助的 NOMA 使能射频无线通信系统，文献[62]提出了一种鲁棒波束成形方案用以对抗一个多天线的窃听者，该窃听者为外来窃听；针对内部窃听和外部窃听两种情况，文献[63]通过部署 IRS 来辅助位于通信盲区的 NOMA 用户进行通信，并提出了一种联合功率分配和波束成形方案来提升系统安全。近来，智能反射面辅助的毫米波和太赫兹系统的物理层安全[64]，以及智能反射面辅助独立 VLC 网络的物理层安全[65]也有了一定研究。然而，到目前为止仍未发现关于 IRS 辅助的 NOMA 使能 VLC‐RF 异构网络的物理层安全研究。

　　基于此，本节研究了 IRS 辅助的 VLC‐RF 异构网络的安全中断性能。在该网络中，两个合法用户工作在协作 NOMA 传输模式，以对抗外部窃听者。首先，根据光无线信道和 IRS 辅助无线信道的分布特征，分别确定了 VLC 链路和 RF 链路的统计特征；然后，推导了基于 NOMA 的 IRS 辅助 VLC‐RF 异构网络的安全中断概率的闭式表达式；最后，通过仿真验证了分析结果的正确性。仿真结果表明，所提出的 IRS 辅助网络的安全中断性能始终优于 VLC‐RF 多跳放大转发(AF)中继网络；所提出的 IRS 辅助网络的安全性能不仅取决于 IRS 的反射元面数、NOMA 功率分配系数，还取决于光电参数之间的折中设计。

5.3.1　网络模型

　　在 IRS 辅助的 VLC‐RF 异构网络中，两个 NOMA 合法用户工作在协作传输模式，对抗一个外部窃听者，如图 5‐9 所示。室内顶部配置一个光接入点 OAP，光接入点的正下方有一个圆形工作台，光接入点的光波束最远可覆盖至工作台边缘。由于光不能穿透障碍物，地面上的用户无法直接收到 OAP 发出的光信号，如果用户设备配有 RF 接收机，则可接收 RF 信号，因此通过联合配置中继节点 A 和智能反射面可消除信号盲点以及扩大通信覆盖范围。中继节点 A 配有一个 PD 接收机和一个 RF 发射机，以执行光电转换与 RF 信息传输。然后 IRS 通过调节智能反射面每个元面的相位将信号智能反射给 NOMA 近用户(UE_1)，以提升 UE_1 的服务质量；UE_1 利用 NOMA 的 SIC 技术，将译码出的 NOMA 远用户(UE_2)的信号，协作传输至 UE_2。同时 UE_1 采用全双工方案进行信息接收和中继传输。由于可以精确控制智能反射面每个元面的相位，我们假设从中继节点 A 经 IRS 到 UE_1 的反射信道传输中没有信息泄露。然而，对于从 UE_1 到 UE_2 的协作 NOMA 信道，UE_1 利用串行干扰消除技术解码出 UE_2 的信息并将其前向传输。在此过程中，由于射频信号的全向传播特征，信息易泄露或被窃听，使得外部窃听节点(Eve)可以窃听 UE_2 的信息。因此，本节重点关注 UE_2 的安全性能。

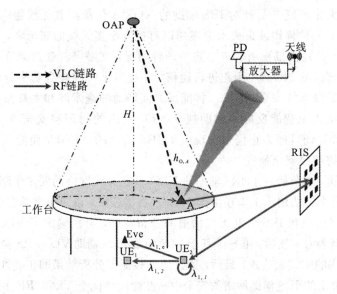

图 5 - 9　IRS 辅助的 VLC - RF 异构网络，两个 NOMA 合法用户工作在协作
传输模式，对抗一个外部窃听者

需要注意以下三个方面：

（1）上面提出的系统配置适用于多种室内业务。例如，在智能物流仓库管理中，光接入点同时提供信息传输和照明。当分拣包裹的机器人在货架下移动时，无法直接检测光信号。如果机器人配备了射频接收器，它们可以接收射频信号，同时中继节点 A 进行光电转换并扩展通信覆盖范围，再加上 IRS 精确控制方向的能力，来自光接入点的信息就可以被机器人迅速、准确地接收到。类似地，在智能家居或智能办公管理中，工作台下移动扫地或传输文件的机器人也会面临同样的情况。

（2）由于可行性方面的原因，IRS 不能同时部署在光环境和射频环境中，因此本节仅使用 IRS 辅助射频无线通信来实现大范围覆盖和提高保密性，而VLC 用于照明和高速数据通信。

（3）在本节中，由于工作台阻碍了射频信号的直达链路传输，因此中继节点 A 与协作 NOMA 用户（UE_1 和 UE_2）之间的直接射频链路省略了。这是因为即使部分射频信号能够穿透工作台，但由于存在穿透损耗，通过直接射频链路到达 UE_1 和 UE_2 的信号也会大大衰减，因此，它们可以被忽略。

此外，如果存在直接射频链路，那么 UE_1 接收的信号将是从其发送的信号和从 IRS 链路反射的信号之和。由于直接射频链路的信道模型已经得到了很好的研究[20]，因此本节重点关注 IRS 辅助的射频链路。下面将研究 IRS 辅助的 VLC-RF 异构网络协作 NOMA 的物理层安全性能。

5.3.2　VLC 链路和 RF 链路的统计特征

本节所提系统工作在两个连续的时隙。第一时隙内进行光信号传输，光信号从光接入点发出经 VLC 链路到达中继节点 A。第二时隙内，经中继节点 A 光电转换后的电信号，通过 RF 链路经 IRS 传输到 UE_1，因 UE_1 采用全双工方式，故 UE_2 可以在该时隙内收到来自 UE_1 的信号，同时被附近的 Eve 窃听。

1. VLC 链路的信号传输

在第一时隙内，光接入点发送的信号 s 为

$$s = \sqrt{P_0}(\omega_1 s_1 + \omega_2 s_2) + I_D \qquad (5-32)$$

其中，P_0 为光接入点的发送功率；s_m 为发送给第 m 个 $(m \in \{1, 2\})$ NOMA 合法用户的信号，对应的功率分配系数为 w_m，满足 $w_1 > w_2$ 和 $\omega_1^2 + \omega_2^2 = 1$；将直流偏置 I_D 加到叠加信号 $(\omega_1 s_1 + \omega_2 s_2)$ 上以确保光接入点发送的信号 x 非负。

信号 s 经光无线信道传输到达中继节点 A，中继节点 A 利用 PD 接收机将接收到的信号进行光电转换并消除直流偏置，中继节点 A 接收到的电信号 y_A 为

$$y_A = h_{O,A}\sqrt{P_0}(\omega_1 s_1 + \omega_2 s_2) + n_0 \qquad (5-33)$$

其中，下标 $_{O,A}$ 表示光接入点 OAP 到中继节点 A 之间的光无线链路，n_0 为该光无线链路的加性高斯白噪声，其均值为 0，方差为 N_0；$h_{O,A}$ 为该光无线链路的信道增益：

$$h_{O,A} = \rho B(c+1)\cos^c\vartheta\cos\psi\,\text{rect}(\psi/\psi_{1/2})/[2\pi(r^2+H^2)] \qquad (5-34)$$

其中 ϑ 为 LED 辐射角；ψ 为 PD 接收机的入射角；c 为 LED 的朗伯辐射阶数；rect(·) 为矩形传输函数；$\psi_{1/2}$ 为 PD 的视场，若 $\psi > \psi_{1/2}$，则 $h_{O,A} = 0$，表示入射角超出 PD 的视场范围后，中继节点将接收不到任何来自 LED 的信号；H 为光接入点所在平面与中继节点所在平面之间的垂直距离；r 为光接入点在圆桌面上的映射点与中继节点之间的水平距离；B 和 ρ 分别为 PD 接收机的有效物理检测面积和检测灵敏度，若 $\vartheta = \psi$（大部分文献均作此假设 [66]），则 $\cos^c\vartheta = H/\sqrt{r^2+H^2}$；令 $T = \rho B(c+1)H^{c+1}/(2\pi)$，则光无线链路的信道增益简化为

$$h_{O,A} = T(r^2+H^2)^{-(c+3)/2} \qquad (5-35)$$

由式 (5-33) 可知，中继节点 A 的接收信噪比为

$$\gamma_A = \frac{|h_{O,A}|^2 P_0(w_1^2 + w_2^2)}{N_0}$$

$$= \frac{|h_{O,A}|^2 P_0}{N_0}$$

$$= |h_{O,A}|^2 \bar{\gamma}_0 \qquad (5-36)$$

121

其中 $\bar{\gamma}_0 = \dfrac{P_0}{N_0}$ 为光接入点的发射信噪比。

2. γ_A 的统计特征

如果中继节点 A 在光接入点覆盖的圆形范围(最大半径为 r_0,满足 $r_0 \leqslant H \tan \vartheta_{1/2}$ 以使中继节点 A 位于 LED 半功率角照明范围)内服从均匀分布,则水平距离 r 的概率分布为 $f_r(x) = 2x/r_0^2$,$0 < r \leqslant r_0$,利用随机变量函数的分布[67-68],中继节点 A 的接收信噪比 γ_A 的概率密度分布为

$$f_{\gamma_A}(u) = \frac{\bar{\gamma}_0^{-1}}{c+3} T^{\frac{2}{c+3}} r_0^{-2} u^{-\frac{1}{c+3}-1} \tag{5-37}$$

其中 $\min\gamma_A \leqslant u \leqslant \max\gamma_A$,且

$$\min\gamma_A = \frac{\bar{\gamma}_0 T^2}{(r_0^2 + H^2)^{c+3}}, \ \max\gamma_A = \bar{\gamma}_0 T^2 H^{-2(c+3)}$$

中继节点 A 的接收信噪比 γ_A 的累加分布为

$$\begin{aligned} F_{\gamma_A}(u) &= \int_{\min\gamma_A}^{u} f_{\gamma_A}(y)\,\mathrm{d}y \\ &= r_0^{-2} \bar{\gamma}_0^{-\frac{c+4}{c+3}} (r_0^2 + H^2) - r_0^{-2} \bar{\gamma}_0^{-1} T^{\frac{2}{c+3}} u^{\frac{-1}{c+3}} \end{aligned} \tag{5-38}$$

3. RF 链路的信号传输

在该时隙内,y_A 通过嵌入在中继节点 A 中的 RF 发射机放大转发,然后通过控制 IRS 每个元面的相移来智能地将反射路径定向传输到 UE_1,以提高 UE_1 的 QoS;在全双工传输方式下,UE_1 支持远端 UE_2 信号的协同传输。由于对 IRS 相移的精确设计是可行的,因此从中继节点 A 经 IRS 到 UE_1 的反射信道传输没有发生信息泄露。UE_1 处的接收信号为

$$\begin{aligned} y_1 &= \alpha g_{A,R,1} y_A + \lambda_{1,1} \sqrt{P_1} x + n_1 \\ &= \alpha g_{A,R,1} h_{0,A} \sqrt{P_0} (w_1 s_1 + w_2 s_2) + \alpha g_{A,R,1} n_0 + \lambda_{1,1} \sqrt{P_1} x + n_1 \end{aligned}$$

$$\tag{5-39}$$

其中 α 是中继节点 A 的放大倍数;$g_{A,R,1}$ 是从 A 经 IRS 到 UE_1 的反射信道的增益;$\lambda_{1,1}$ 是从 UE_1 到 UE_1 的自干扰信道的增益,其中自干扰信号 x 以功率 P_1 发送,并且满足 $E(|x|^2) = 1$,$E(\cdot)$ 是期望运算;n_1 是均值为零且方差为 N_1 的信道噪声。

然而,对于从 UE_1 到 UE_2 的协作传输信道,由于射频信号的全向传播特征,UE_2 的信息容易泄露,附近的 Eve 可以窃听 UE_2 的信息。UE_2 的接收信

122

号为

$$y_2 = \lambda_{1,2} \sqrt{P_1}\, s_2 + n_2 \qquad (5-40)$$

Eve 窃听的信号为

$$y_e = \lambda_{1,e} \sqrt{P_1}\, s_2 + n_e \qquad (5-41)$$

其中，$\lambda_{1,2}$ 是从 UE_1 到 UE_2 的协作 NOMA 信道增益；n_2 是均值为零且方差为 N_2 的加性高斯白噪声；$\lambda_{1,e}$ 是窃听信道增益；n_e 是均值为零且方差为 N_e 的加性高斯白噪声。

从中继节点 A 出发经 IRS 无源反射到用户 UE_1 的信道增益为

$$g_{A,R,1} = \sum_{i=1}^{N} g_{1,i} g_{2,i}\, \mathrm{e}^{\varphi_i}$$

其中 $g_{1,i}$ 为中继节点 A 到 IRS 第 i 个反射元面之间的信道增益，且 $g_{1,i} = d_1^{-\varepsilon/2} \mu_i \mathrm{e}^{-j\phi_i}$；$g_{2,i}$ 为 IRS 第 i 个反射元面到用户 UE_1 之间的信道增益，且 $g_{2,i} = d_2^{-\varepsilon/2} \nu_i \mathrm{e}^{-j\theta_i}$。$d_1^{-\varepsilon/2}$ 和 $d_2^{-\varepsilon/2}$ 分别为 $g_{1,i}$ 和 $g_{2,i}$ 的大尺度路损，路损指数为 ε，d_1 和 d_2 分别为从中继节点 A 到 IRS、从 IRS 到 UE_1 之间的传输距离，μ_i 和 ϕ_i 分别为信道增益 $g_{1,i}$ 的幅度、相位，ν_i 和 θ_i 分别为信道增益 $g_{2,i}$ 的幅度、相位。在 IRS 辅助的无线通信系统中，可控制 IRS 的相位 φ_i 使其满足 $\varphi_i = \phi_i + \theta_i$，从而最大化 NOMA 近用户 UE_1 的信噪比。注意 ϕ_i 和 θ_i 可估计[69]。因此，对于 IRS 辅助的 VLC-RF 异构网络，从中继节点 A 出发经 IRS 无源反射到用户 UE_1 的信道增益为

$$g_{A,R,1} = (d_1 d_2)^{-\varepsilon/2} \sum_{i=1}^{N} \mu_i \nu_i \qquad (5-42)$$

在 UE_1 处检测 UE_2 的信息 s_2 的 SINR 可以表示为

$$\gamma_{1,2} = \frac{\alpha^2 |g_{A,R,1}|^2 |h_{O,A}|^2 P_0 w_2^2}{D_0} \qquad (5-43)$$

其中

$$D_0 = \alpha^2 |g_{A,R,1}|^2 |h_{O,A}|^2 P_0 w_1^2 + \alpha^2 |g_{A,R,1}|^2 N_0 + |\lambda_{1,1}|^2 P_1 + N_1$$

假设中继节点 A 的放大倍数 $\alpha = \sqrt{\dfrac{P_A}{|h_{O,A}|^2 P_0 + N_0}}$，$P_A$ 是中继节点 A 的发射功率，则

$$\gamma_{1,2} = \frac{|g_{A,R,1}|^2 P_A |h_{O,A}|^2 P_0 w_2^2}{D_1} \qquad (5-44)$$

其中

$$D_1 = |g_{A,R,1}|^2 P_A |h_{O,A}|^2 P_0 w_1^2 + |g_{A,R,1}|^2 P_A N_0 + (|\lambda_{1,1}|^2 P_1 + N_1)(|h_{O,A}|^2 P_0 + N_0)$$

123

令公式(5-44)除以 $N_0 N_1$，则

$$\gamma_{1,2} = \frac{|g_{A,R,1}|^2 \frac{P_A}{N_1} |h_{O,A}|^2 \frac{P_0}{N_0} w_2^2}{D_2} \tag{5-45}$$

其中

$$D_2 = |g_{A,R,1}|^2 \frac{P_A}{N_1} |h_{O,A}|^2 \frac{P_0}{N_0} w_1^2 + |g_{A,R,1}|^2 \frac{P_A}{N_1} +$$

$$\left(|\lambda_{1,1}|^2 \frac{P_1}{N_1} + 1\right)\left(|h_{O,A}|^2 \frac{P_0}{N_0} + 1\right)$$

定义随机变量 $\gamma_1 = |g_{A,R,1}|^2 \frac{P_A}{N_1}$，冗余自干扰为 $\bar{\gamma}_{SI} = |\lambda_{1,1}|^2 \frac{P_1}{N_1}$，则在 UE_1 处检测 UE_2 的信息 s_2 的 SINR 最终表示为

$$\gamma_{1,2} = \frac{\gamma_1 \gamma_A w_2^2}{\gamma_1 \gamma_A w_1^2 + \gamma_1 + (\bar{\gamma}_{SI} + 1)(\gamma_A + 1)} \tag{5-46}$$

采用 SIC 技术，NOMA 近用户 UE_1 可解码出远用户 UE_2 的信息，该信息经协作信道传输至 UE_2，UE_2 检测自身信息 s_2 的 SNR 可以表示为

$$\gamma_2 = \frac{P_1 |\lambda_{1,2}|^2}{N_2} \tag{5-47}$$

类似地，Eve 窃听 UE_2 信息的 SNR 可以表示为

$$\gamma_e = \frac{P_1 |\lambda_{1,e}|^2}{N_e} \tag{5-48}$$

4. $\gamma_{1,2}$、γ_2、γ_e 的统计特征

由式(5-46)可知，$\gamma_{1,2}$ 的统计特征取决于 γ_1、γ_A、$\bar{\gamma}_{SI}$ 的特征。

为便于分析，本节假设 $\bar{\gamma}_{SI}$ 为常数。γ_A 的概率密度分布和累加分布前面已经介绍过了。下面将分析 γ_1 的统计特征。

由于

$$\gamma_1 = |g_{A,R,1}|^2 \frac{P_A}{N_1} = \frac{P_A (d_1 d_2)^{-\varepsilon}}{N_1} \left|\sum_{i=1}^{N} \mu_i \nu_i\right|^2 \xrightarrow{\text{def}} \bar{\gamma}_1 Z^2$$

其中

$$\bar{\gamma}_1 = \frac{P_A (d_1 d_2)^{-\varepsilon}}{N_1}, \quad Z = \sum_{i=1}^{N} \mu_i \nu_i \xrightarrow{\text{def}} \sum_{i=1}^{N} Z_i$$

从文献[15]我们知道，如果信道振幅 μ_i 和 ν_i 是独立同瑞利分布随机变量，均值为 $\sqrt{\pi}/2$，方差为 $1 - \pi/4$，则 Z^2 服从平方 K_G 分布。γ_1 的概率密度分布可表示为

$$f_{\gamma_1}(u) = \frac{2\Xi^{p+q}u^{\frac{p+q}{2}-1}K_{p-q}(2\Xi\sqrt{u})}{\Gamma(p)\Gamma(q)} \tag{5-49}$$

γ_1 的累加分布可表示为

$$F_{\gamma_1}(u) = \int_0^u f_{\gamma_1}(y)\mathrm{d}y = \frac{G_{1;3}^{2;1}\left[\Xi^2 u \Big|_{p,\,q,\,0}^{1}\right]}{\Gamma(p)\Gamma(q)} \tag{5-50}$$

其中 $G^{2,1}_{1,3}(\cdot)$ 为 Meijer G 函数 $G^{q_3;\,q_4}_{q_1;\,q_2}$ 在 $q_1=1$、$q_2=3$、$q_3=2$、$q_4=1$ 时的值[16]；$K_v(\cdot)$ 为修正的 v 阶第二类 Bessel 函数[16]；$\Gamma(\cdot)$ 为 Gamma 函数，$\Gamma(t)=\int_0^\infty x^{t-1}\mathrm{e}^{-x}\mathrm{d}x$ [16]；$\Xi=\sqrt{pq/\bar{\gamma}_1 E_Z(2)}$，其中 p 和 q 是 K_G 分布参数；$E_Z(2)$ 是 Z 的二阶矩。Z 的 j 阶矩可以通过

$$
\begin{aligned}
E_Z(n) &= \sum_{n_1=0}^{n}\sum_{n_2=0}^{n_1}\cdots\sum_{n_{N-1}=0}^{n_{N-2}}\binom{n}{n_1}\binom{n_1}{n_2}\cdots\binom{n_{N-2}}{n_{N-1}}\times \\
&\quad E_{Z_i}(n-n_1)E_{Z_i}(n_1-n_2)\cdots E_{Z_i}(n_{N-1})
\end{aligned}
\tag{5-51}
$$

其中

$$\binom{n}{n_1}=\frac{n!}{(n-n_1)!\;n_1!},\;\binom{n_1}{n_2}=\frac{n_1!}{(n_1-n_2)!\;n_2!},\;\cdots,$$

$$\binom{n_{N-2}}{n_{N-1}}=\frac{n_{N-2}!}{(n_{N-2}-n_{N-1})!\;n_{N-1}!}$$

符号! 表示阶乘计算；$E_{Z_i}(n-n_1)=[\Gamma(1+(n-n_1)/2)]^2$，$E_{Z_i}(n_1-n_2)=[\Gamma(1+(n_1-n_2)/2)]^2$，$\cdots$，$E_{Z_i}(n_{N-1})=[\Gamma(1+n_{N-1}/2)]^2$，$\Gamma(\cdot)$ 为 Gamma 函数。当 n 分别为 2、4、6 时可获得 Z 的二阶矩 $E_Z(2)$、四阶矩 $E_Z(4)$ 和六阶矩 $E_Z(6)$。以 $n=2$ 为例，当 n 为 2 时，公式(5-51)变为

$$E_Z(n) = \sum_{n_1=0}^{2}\sum_{n_2=0}^{n_1}\cdots\sum_{n_{N-1}=0}^{n_{N-2}}\binom{2}{n_1}\binom{n_1}{n_2}\cdots\binom{n_{N-2}}{n_{N-1}}E_{Z_i}(n-n_1)E_{Z_i}(n_1-n_2)\cdots E_{Z_i}(n_{N-1})$$

即对多项式 $\binom{2}{n_1}\binom{n_1}{n_2}\cdots\binom{n_{N-2}}{n_{N-1}}E_{Z_i}(n-n_1)E_{Z_i}(n_1-n_2)\cdots E_{Z_i}(n_{N-1})$ 进行嵌套求和，其中 $n_1=0,\cdots,2$，$n_2=0,\cdots,n_1$，$\cdots$，$n_{N-1}=0,\cdots,n_{N-2}$。

最后，利用 Z 的二阶矩、四阶矩和六阶矩，并根据文献[17]我们可以方便地获得参数 p 和 q。

对于从 UE$_1$ 到 UE$_2$ 的协作 NOMA 信道，设其服从瑞利衰落[33-34]，则 $\gamma_2\sim\exp(1/\bar{\gamma}_2)$ 成立，其中 $\bar{\gamma}_2=P_1 E(|\lambda_{1,2}|^2)/N_2$ 是该信道的平均 SNR。

类似地，对于窃听信道，如果其平均 SNR $\bar{\gamma}_e=P_1 E(|\lambda_{1,e}|^2)/N_e$ 已知，则 $\gamma_e\sim\exp(1/\bar{\gamma}_e)$ 成立。

125

5.3.3　异构网络协作 NOMA 的安全中断性能

本节采用安全中断概率作为安全性能指标，评估和量化所提出的 IRS 辅助的 VLC-RF 异构网络协作 NOMA 的远用户 UE_2 的安全性能。

只有在中继节点 A 的接收信噪比高到足以实现光电转换，且 UE_1 能够检测 UE_2 的信息，UE_2 的接收信噪比高到足以满足可靠传输要求，UE_2 的可实现安全速率 C_2 高于给定的目标安全速率时，远用户 UE_2 才不会发生安全中断。其中 $C_2 = [lb(1+\gamma_2) - lb(1+\gamma_e)]^+/2$，$[y]^+ = \max(y, 0)$。$UE_2$ 的安全中断概率可以表示为

$$P_{sop} = 1 - Pr\left[\frac{1}{2}lb(1+\gamma_A) > R_{th0}, \frac{1}{2}lb(1+\gamma_{1,2}) > R_{th1},\right.$$

$$\left.\frac{1}{2}lb(1+\gamma_2) > R_{th2}, C_2 > R_{th3}\right] \tag{5-52}$$

其中 R_{th0} 是中继节点 A 的目标数据速率；目标速率 R_{th1} 用于限制 UE_1 解码 UE_2 的信息所达到的数据速率；目标速率 R_{th2} 用来检测 UE_2 自身的信息；R_{th3} 是 UE_2 的目标安全速率。

令 $C_{th0} = 2^{2R_{th0}}, C_{th1} = 2^{2R_{th1}}, C_{th2} = 2^{2R_{th2}}, C_{th3} = 2^{2R_{th3}}$，则

$$P_{sop} = 1 - Pr\left[\gamma_A > C_{th0} - 1, \gamma_{1,2} > C_{th1} - 1, \gamma_2 > C_{th2} - 1, \frac{1+\gamma_2}{1+\gamma_e} > C_{th3}\right]$$

$$\overset{def}{=\!=\!=} 1 - P_1 \tag{5-53}$$

从式（5-53）可知，安全中断概率与变量 γ_A、$\gamma_{1,2}$、γ_2、γ_e 相关，而且这些变量是相关的，因为如果 γ_A 太低，则无法实现光电转换，随后的射频传输将中断；并且在反射信道（从中继节点 A 经 IRS 到 UE_1）的射频传输之后，如果 UE_1 不能检测到 UE_2 的信息（即 $\gamma_{1,2}$ 太低），则协作 NOMA 通信将会中断，导致 UE_2 不能接收到任何信息，且 Eve 也窃听不到信息。

由于式（5-53）中的变量是相关的，因此很难获得的精确闭式解。为了获得一个有效解，本节假设存在高信噪比状态，并采用 γ_2 的上界，即 $\gamma_{1,2} < \dfrac{\gamma_1 w_2^2}{\gamma_1 w_1^2 + \bar{\gamma}_{SI}}$（可从公式（5-46）得出），假设以上几个概率事件统计独立，则利用概率理论，可以获得 P_1 的上界：

$$P_1 < Pr(\gamma_A > C_{th0} - 1) \cdot Pr\left(\frac{\gamma_1 w_2^2}{\gamma_1 w_1^2 + \bar{\gamma}_{SI}} > C_{th1} - 1\right) \cdot Pr\left(\gamma_2 > C_{th2} - 1, \frac{1+\gamma_2}{1+\gamma_e} > C_{th3}\right)$$

$$\overset{def}{=\!=\!=} P_{01} \cdot P_{11} \cdot P_{21} \tag{5-54}$$

其中

$$P_{01} = \Pr(\gamma_A > C_{th0} - 1), \quad P_{11} = \Pr\left(\frac{\gamma_1 w_2^2}{\gamma_1 w_1^2 + \bar{\gamma}_{SI}} > C_{th1} - 1\right)$$

$$P_{21} = \Pr\left(\gamma_2 > C_{th2} - 1, \frac{1 + \gamma_2}{1 + \gamma_e} > C_{th3}\right)$$

下面，利用获得的 γ_A、γ_1、γ_2、γ_e 的统计特征，我们分别分析 P_{01}、P_{11}、P_{21}。

P_{01} 可以表示为

$$\begin{aligned} P_{01} &= 1 - \Pr(\gamma_A < C_{th0} - 1) \\ &= 1 - F_{\gamma_A}(C_{th0} - 1) \end{aligned} \tag{5-55}$$

P_{11} 可以表示为

$$\begin{aligned} P_{11} &= \Pr\left(\frac{\gamma_1 w_2^2}{\gamma_1 w_1^2 + \bar{\gamma}_{SI}} > C_{th1} - 1\right) \\ &= \Pr\left(\gamma_1 > \frac{\bar{\gamma}_{SI}(C_{th1} - 1)}{w_2^2 - (C_{th1} - 1) w_1^2}\right) \\ &= 1 - \Pr\left(\gamma_1 < \frac{\bar{\gamma}_{SI}(C_{th1} - 1)}{w_2^2 - (C_{th1} - 1) w_1^2}\right) \\ &= 1 - F_{\gamma_1}\left(\frac{\bar{\gamma}_{SI}(C_{th1} - 1)}{w_2^2 - (C_{th1} - 1) w_1^2}\right) \end{aligned} \tag{5-56}$$

P_{21} 可以表示为

$$\begin{aligned} P_{21} &= \Pr\left(\gamma_2 > C_{th2} - 1, \gamma_e < \frac{\gamma_2 - C_{th3} + 1}{C_{th3}}\right) \\ &= \int_{C_{th2}-1}^{\infty} F_{\gamma_e}\left(\frac{x - C_{th3} + 1}{C_{th3}}\right) f_{\gamma_2}(x) \, \mathrm{d}x \\ &= \int_{C_{th2}-1}^{\infty} \left[1 - \exp\left(-\frac{x - C_{th3} + 1}{\bar{\gamma}_e C_{th3}}\right)\right] \frac{1}{\bar{\gamma}_2} \exp\left(\frac{-x}{\bar{\gamma}_2}\right) \mathrm{d}x \\ &= \frac{1}{\bar{\gamma}_2} \int_{C_{th2}-1}^{\infty} \exp\left(\frac{-x}{\bar{\gamma}_2}\right) - \exp\left(\frac{-x}{\bar{\gamma}_2} - \frac{x - C_{th3} + 1}{\bar{\gamma}_e C_{th3}}\right) \mathrm{d}x \\ &= \exp\left(-\frac{C_{th2} - 1}{\bar{\gamma}_2}\right) - \frac{\bar{\gamma}_e C_{th3}}{\bar{\gamma}_2 + \bar{\gamma}_e C_{th3}} \cdot \exp\left(\frac{-(\bar{\gamma}_2 + \bar{\gamma}_e C_{th3})(C_{th2} - 1) + \bar{\gamma}_2 C_{th3} + \bar{\gamma}_2}{\bar{\gamma}_2 \bar{\gamma}_e C_{th3}}\right) \end{aligned}$$

$$\tag{5-57}$$

把式 (5-54)~式 (5-57) 代入式 (5-53)，经整理，可以获得 UE$_2$ 的安全中断概率的下界：

$$P_{sop}=1-\left[1-r_0^{-2}\bar{\gamma}_0^{-\frac{c+4}{c+3}}(r_0^2+H^2)+r_0^{-2}\bar{\gamma}_0^{-1}T^{\frac{2}{c+3}}(C_{th0}-1)^{\frac{-1}{c+3}}\right]$$

$$\times\left[1-\frac{1}{\Gamma(p)\Gamma(q)}G_{1,3}^{2,1}\left(\frac{\Xi^2\bar{\gamma}_{SI}(C_{th1}-1)}{w_2^2-(C_{th1}-1)w_1^2}\bigg|_{p,q,0}^{1}\right)\right]$$

$$\times\left\{\exp\left(-\frac{C_{th2}-1}{\bar{\gamma}_2}\right)-\frac{\bar{\gamma}_e C_{th3}}{\bar{\gamma}_2+\bar{\gamma}_e C_{th3}}\exp\left[-\frac{(\bar{\gamma}_2+\bar{\gamma}_e C_{th3})(C_{th2}-1)-\bar{\gamma}_2 C_{th3}+\bar{\gamma}_2}{\bar{\gamma}_2\bar{\gamma}_e C_{th3}}\right]\right\}$$

$$(5-58)$$

5.3.4　实验与结果分析

对于 IRS 辅助的 VLC-RF 异构网络，实验给出了 NOMA 远用户的安全中断概率在一系列参数下的数值仿真结果，这些参数包括 IRS 的反射元面数、基于 NOMA 的功率分配系数（w_1 为 UE_1 的功率分配系数，w_2 为 UE_2 的功率分配系数）、安全速率阈值 R_{th3}、全双工传输时的冗余自干扰 $\bar{\gamma}_{SI}$，以及特定的光学和电学参数，如 LED 的半功率角 $\vartheta_{1/2}$ 和大尺度路径损耗系数 ε。其他仿真参数如表 5-2 所示。

为了验证 IRS 辅助的 VLC-RF 异构网络的优越性，我们将其与 VLC-RF 多跳 AF 中继网络进行了比较。为了确保二者之间的公平性，我们采用了相同的 NOMA 用户位置、中继传输距离和信道状态信息。最后，通过蒙特卡罗仿真对数值结果进行了验证。

表 5-2　典型参数设置

参　数	符　号	取　值
光接入点与 A 之间的垂直距离	H	2.5 m
A 与智能反射面之间的距离	d_1	6 m
智能反射面与近用户 UE_1 之间的距离	d_2	10 m
协作信道的评价信噪比	$\bar{\gamma}_2$	20 dB
窃听信道的评价信噪比	$\bar{\gamma}_e$	-10 dB
PD 的检测面积	B	1×10^{-4} m^2
PD 的灵敏度	ρ	0.8

图 5-10、图 5-11 反映了 IRS 辅助的 VLC-RF 异构网络中远用户 UE_2 的安全中断概率与 IRS 的反射元面数和 NOMA 功率分配系数之间的关系。我们可以知道，将 IRS 的反射元面数从 8、10 增加到 16 会使安全中断概率下降，这意味着设置较高的 IRS 反射元面数可以提高安全性能。然而，增加 IRS 反射元面数将导致成本和系统复杂性的增加。因此，应该在 IRS 规模和可行性之间

进行折中设计。从图 5-10、图 5-11 中还可以看出，提高发射信噪比有助于提高安全性能，当发射信噪比足够高时，安全中断概率将小于 0.1。

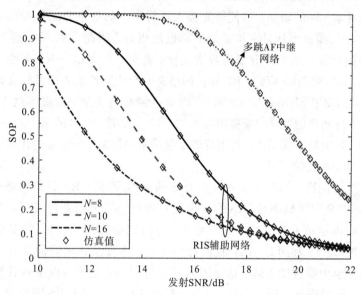

图 5-10　IRS 辅助的 VLC-RF 异构网络中当 NOMA 功率分配系数 $w_1 = 0.1$ 时，
远用户 UE_2 的安全中断概率与 IRS 的反射元面数之间的关系曲线

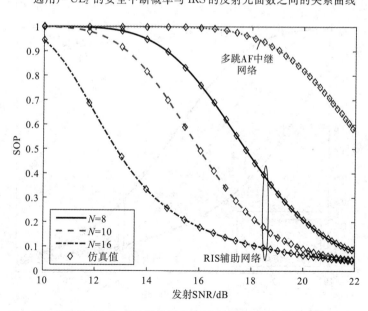

图 5-11　IRS 辅助的 VLC-RF 异构网络中当 NOMA 功率分配系数 $w_1 = 0.5$ 时，
远用户 UE_2 的安全中断概率与 IRS 的反射元面数之间的关系曲线

对比图 5-10 和图 5-11，我们可以知道，降低功率分配系数 w_1 将使 UE$_2$ 的安全中断概率降低，从而提高其安全中断性能。这是因为 $w_1^2 + w_2^2 = 1$，w_1 的减少意味着 w_2 的增加，这使得光接入点将更多的功率分配给 UE$_2$，并导致 UE$_2$ 的接收信噪比增加，使其安全中断性能更好。因此，NOMA 远用户 UE$_2$ 的安全中断性能与其功率分配系数成正比。此外，与 VLC-RF 多跳 AF 中继网络相比，IRS 辅助的 VLC-RF 异构网络在安全中断性能方面总是表现得更优秀。例如，当发射 SNR 为 20 dB 时，IRS 辅助网络的安全中断概率比 VLC-RF 多跳 AF 中继网络的安全中断概率低大约 35%，如图 5-10 所示。这表明，与传统的多跳 AF 中继系统相比，利用智能反射面精确控制反射信号的传播可以获得更好的安全中断性能。

图 5-12、图 5-13 中显示了在 IRS 辅助的 VLC-RF 异构网络中，远用户 UE$_2$ 的安全中断概率与 IRS 的安全速率阈值和元表面数的关系。为了进行比较，我们也推导了 VLC-RF 多跳 AF 中继网络远用户 UE$_2$ 的安全中断概率。对比图 5-12 和图 5-13，我们可以知道，将安全速率阈值从 0.1 增加到 0.3 会使安全中断性能下降。这是因为安全速率阈值越高，设定的目标越难获得。此外，可以得出与图 5-10、图 5-11 相同的结论，即 IRS 辅助网络的安全中断性能始终优于 VLC-RF 多跳 AF 中继网络，并且增加发射信噪比将提高安全性能。

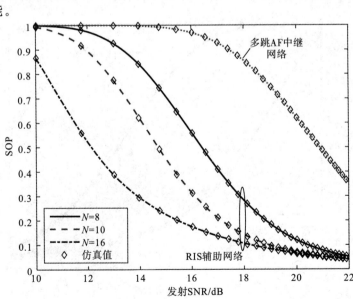

图 5-12　IRS 辅助的 VLC-RF 异构网络中当安全速率阈值 $R_{th3}=0.1$ 时，远用户 UE$_2$ 的安全中断概率与 IRS 的反射元面数之间的关系曲线

130

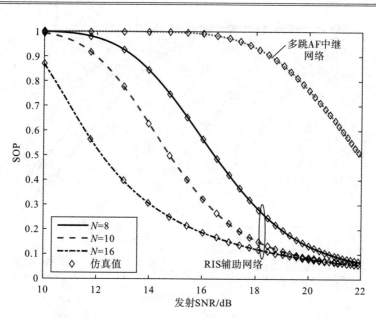

图 5 - 13　IRS 辅助的 VLC - RF 异构网络中当安全速率阈值 $R_{th3}=0.3$ 时，远用户 UE_2 的安全中断概率与 IRS 的反射元面数之间的关系曲线

　　为了研究冗余自干扰对网络安全性能的影响，图 5 - 14 比较了 IRS 辅助网络中远用户 UE_2 在多个不同的冗余自干扰 $\bar{\gamma}_{SI}$ 参数下的安全中断概率和 VLC - RF 多跳 AF 中继网络中远用户 UE_2 的安全中断概率。从图 5 - 14 中可以观察到，随着冗余自干扰 $\bar{\gamma}_{SI}$ 的增加，安全中断性能恶化。因此，为了获得更优的安全性能，有必要在协作 NOMA 传输的过程中限制近用户 UE_1 的全双工传输而引起的自干扰。

　　为了研究光参数和电参数对安全性能的影响，我们研究了 IRS 辅助网络中远用户 UE_2 的安全中断概率与不同 LED 的半功率角 $\vartheta_{1/2}$ 和大尺度路径损耗系数 ε 之间的关系，如图 5 - 15 所示。由图 5 - 15 可以知道，当传输信噪比为 16 dB 时，给定半功率角 $\vartheta_{1/2}$ 为 15°，路径损耗系数 ε 从 2 增加到 2.5，从而使安全中断概率增加约 0.15。然而，如果保持路径损耗系数 ε 恒为 2，半功率角 $\vartheta_{1/2}$ 从 15°增加到 45°，则使安全中断概率减少约 0.13。因此，为了获得更好的安全性能，有必要折中设计光参数和电参数来部署 VLC - RF 异构网络。另一方面，给定 LED 的半功率角，无论路径损耗是多少，只要发射信噪比足够高，安全性能就保持在一个恒定的水平，并且半功率角 $\vartheta_{1/2}$ 越大，安全性能越好。也就是说，IRS 辅助的 VLC - RF 异构网络的安全中断性能在很大程度上取决于高信噪比状态下的光学参数配置。

131

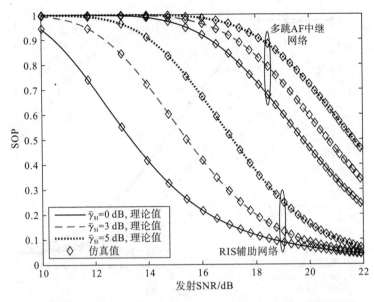

图 5-14　IRS 辅助的 VLC-RF 异构网络(反射元面数 $N=8$，功率分配系数 $w_1=0.1$，安全速率阈值 $R_{th3}=0.1$)与 VLC-RF 多跳 AF 中继网络的安全性能比较

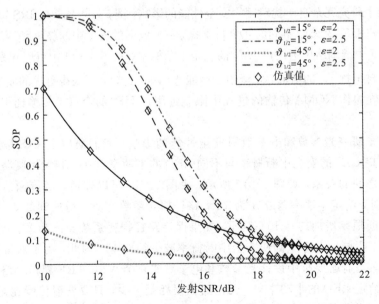

图 5-15　IRS 辅助的 VLC-RF 异构网络中，当反射元面数 $N=16$，功率分配系数为 $w_1=0.1$，安全速率阈值 $R_{th3}=0.1$ 时，远用户 UE$_2$ 的安全中断概率与 LED 的半功率角 $\vartheta_{1/2}$、路径损耗系数 ε 之间的关系曲线

本 章 小 结

　　本章首先分析 IRS 辅助的射频无线通信系统性能，然后分析 IRS 辅助的全双工协作 NOMA 系统性能，在此基础上，研究了 IRS 辅助的 VLC - RF 异构网络中合法用户工作在协作 NOMA 模式下的安全中断问题，从而为基于 NOMA 的多用户协作可见光通信的安全传输提供了理论依据。

　　本章建立了一种用户移动服从随机路点模型时 IRS 辅助的无线通信系统。在该系统中，接入点通过可编程控制器来控制 IRS，使得用户能够收到 IRS 反射的信号。IRS 部署在无人机上，无人机只是在一定高度上实现 IRS 反射通信的一种辅助设备。当用户移动时，AP 通过对 IRS 的多个元面进行编码，从而控制 IRS 的反射波束来跟随用户。为了研究 IRS 特征和用户移动对系统中断性能的影响，首先推导了移动用户接收信噪比的累积分布函数，然后获得了中断概率的近似表达式。数值仿真验证了分析结果的正确性，并将该系统与传统的 AF 中继系统进行了比较。仿真结果表明系统的中断性能与 IRS 元面的数量、移动用户的最大活动半径紧密相关。

　　针对 IRS 辅助的全双工协作 NOMA 系统，通过计算反射信道信噪比的 PDF 和 CDF 以及 NOMA 协作信道信噪比的 PDF 和 CDF，获得了近端和远端 NOMA 用户的中断概率；通过与未采用 IRS 的传统协作 NOMA 系统的中断性能进行比较，验证了该系统的优越性。仿真结果表明，无论功率分配系数和目标速率如何，IRS 辅助的全双工协作 NOMA 系统的中断性能始终优于未采用 IRS 的协作 NOMA 系统。随着冗余自干扰的增加，中断性能恶化。功率分配对系统的性能有很大的影响，如果给定目标速率和发送 SNR，随着 AP 分配给近端用户的功率分配系数的增加，远端用户的中断性能下降，而近端用户的中断性能得到改善。对于 IRS 辅助的全双工协作 NOMA 系统，随着 IRS 单元数目的增加，中断性能得以提高。

　　本章针对 IRS 辅助的 VLC - RF 异构网络，研究了工作在协作 NOMA 方式下两个合法用户设备在外部窃听者试图窃听协作信道信息时的系统物理层安全。首先确定了 VLC 链路和 RF 链路的统计特征，然后导出安全中断概率的闭式表达式，最后通过仿真验证了分析结果的正确性。仿真结果表明，IRS 辅助的 VLC - RF 异构网络在安全中断性能上始终优于 VLC - RF 多跳 AF 中继网络。IRS 辅助的 VLC - RF 异构网络的安全性能不仅取决于 IRS 的元表面数、基于 NOMA 的功率分配，还取决于光电参数之间的折中设计。物理层安全性能的确定将用以优化设计多用户 VLC - RF 异构网络的参数。未来我们将研究如何使用在中继节点 A 处收集的光能来进一步提高网络的安全性能。

参 考 文 献

[1] WU Q, ZHANG R. Towards Smart and Reconfigurable Environment: Intelligent Reflecting Surface Aided Wireless Network. IEEE Communications Magazine, 2020, 58(1): 106 - 112.

[2] WU Q, GUAN X, ZHANG R. Intelligent Reflecting Surface-Aided Wireless Energy and Information Transmission: An Overview. Proceedings of the IEEE, 2022, 110(1): 150 - 170.

[3] DI RENZO M, et al. Smart Radio Environments Empowered by Reconfigurable Intelligent Surfaces: How It Works, State of Research, and The Road Ahead. IEEE Journal on Selected Areas in Communications, 2020, 38 (11): 2450 - 2525.

[4] YANG L, YANG Y, HASNA M O, et al. Coverage, Probability of SNR Gain, and DOR Analysis of RIS-Aided Communication Systems. IEEE Wireless Communications Letters, 2020, 9(8): 1268 - 1272.

[5] JUNG M, SAAD W, JANG Y, et al. Reliability Analysis of Large Intelligent Surfaces (LISs): Rate Distribution and Outage Probability. IEEE Wireless Communications Letters, 2019, 8(6): 1662 - 1666.

[6] YU X, XU D, SUN Y, et al. Robust and Secure Wireless Communications via Intelligent Reflecting Surfaces. IEEE Journal on Selected Areas in Communications, 2020, 38(11): 2637 - 2652.

[7] MATTHIESEN B, BJÖRNSON E, DE CARVALHO E, et al. Intelligent Reflecting Surface Operation Under Predictable Receiver Mobility: A Continuous Time Propagation Model. IEEE Wireless Communications Letters, 2021, 10(2): 216 - 220.

[8] SHAFIQUE T, TABASSUM H, HOSSAIN E. Optimization of Wireless Relaying With Flexible UAV-Borne Reflecting Surfaces. IEEE Transactions on Communications, 2021, 69(1): 309 - 325.

[9] AALO V A, MUKASA C, EFTHYMOGLOU G P. Effect of Mobility on the Outage and BER Performances of Digital Transmissions over Nakagami-m Fading Channels. IEEE Transactions on Vehicular Technology, 2016, 65(4): 2715 - 2721.

[10]　TANG J, DABAGHCHIAN M, ZENG K, et al. Impact of Mobility on Physical Layer Security Over Wireless Fading Channels. IEEE Transactions on Wireless Communications, 2018, 17(12): 7849 - 7864.

[11]　GUPTA A, GARG P. Statistics of SNR for an Indoor VLC System and Its Applications in System Performance. IEEE Communications Letters, 2018, 22(9): 1898 - 1901.

[12]　SOLTANI M D, PURWITA A A, ZENG Z, et al. Modeling the Random Orientation of Mobile Devices: Measurement, Analysis and LiFi Use Case. IEEE Transactions on Communications, 2019, 67(3): 2157 - 2172.

[13]　KHUWAJA A A, CHEN Y, ZHENG G. Effect of User Mobility and Channel Fading on the Outage Performance of UAV Communications. IEEE Wireless Communications Letters, 2020, 9(3): 367 - 370.

[14]　BASAR E, RENZO M DI, ROSNY J DE, et al. Wireless Communications Through Reconfigurable Intelligent Surfaces. IEEE Access, 2019, 7: 116753 - 116773.

[15]　YANG L, YAN X, COSTA D B DA, et al. Indoor mixed dual-hop VLC/RF systems through reconfigurable intelligent surfaces. IEEE Wireless Communications Letters, 2020, 9(11): 1995 - 1999.

[16]　GRADSHTEYN I S, RYZHIK I M. Tables of Integrals, Series, and Products. 8th edition. Amsterdam: Elsevier, 2015.

[17]　PEPPAS K P. Accurate closed-form approximations to generalised-K sum distributions and applications in the performance analysis of equal-gain combining receivers. IET Communications, 2011, 5(7): 982 - 989.

[18]　PRUDNIKOV A P, BRYCHKOV Y A, MARICHEV O I. Integrals and series volume 3: more special functions. New York: Gordon and Breach Science Publishers, 1990.

[19]　TAO Q, WANG J, ZHONG C. Performance Analysis of Intelligent Reflecting Surface Aided Communication Systems. IEEE Communications Letters, 2020, 24(11): 2464 - 2468.

[20]　TANG W, CHEN M Z, CHEN X, et al. Wireless communications with reconfigurable intelligent surface: path loss modeling and experimentalmeasurement. IEEE Transactions on Wireless Communications, 2021, 20(1): 21 - 439.

[21]　PAN C, et al. Reconfigurable Intelligent Surfaces for 6G Systems:

Principles, Applications, and Research Directions. IEEE Communications Magazine, 2021, 59(6): 14 - 20.

[22] LIU X, LIU Y, CHEN Y. Machine learning empowered trajectory and passive beamforming design in UAV-RIS wireless networks. IEEE Journal on Selected Areas in Communications, 2021, 39 (7): 2042 - 2055.

[23] NDJIONGUE A R, NGATCHED T, DOBRE O A, et al. Towards the use of re-configurable intelligent surfaces in VLC systems: beam steering. https://arxiv.org/abs/2009.06822.

[24] RAFIEIFAR A, RAZAVIZADEH S M. Secrecy rate maximization in multi-IRS millimeter wave networks. https://arxiv.org/abs/2010.01113.

[25] MU X, LIU Y, GUO L,et al. Capacity and optimal resource allocation for IRS-assisted multi-user communication systems. IEEE Transactions on Communications, 2021, 69(6): 3771 - 3786.

[26] YAN W, YUAN X, HE Z Q, et al. Passive beamforming and information transfer design for reconfigurable intelligent surfaces aided multiuser MIMO systems. IEEE Journal on Selected Areas in Communications, 2020, 38(8): 1793 - 1808.

[27] HE Z Q, YUAN X. Cascaded channel estimation for large intelligent metasurface assisted massive MIMO. IEEE Wireless Communications Letters, 2020, 9(2): 210 - 214.

[28] MU X, LIU Y, GUO L, et al. Exploiting intelligent reflecting surfaces in NOMA networks: joint beamforming optimization. IEEE Transactions on Wireless Communications, 2020, 19(10) 6884 - 6898.

[29] LIU Y, MU X, LIU X, et al. Reconfigurable intelligent surface (RIS) aided multi-user networks: interplay between NOMA and RIS. https://arxiv.org/abs/2011.13336.

[30] WANG H, LIU C, SHI Z, et al. On power minimization for IRS-aided downlink NOMA systems. IEEE Wireless Communications Letters, 2020, 9(11): 1808 - 1811.

[31] DING Z, SCHOBER R, POOR H V. On the impact of phase shifting designs on IRS-NOMA. IEEE Wireless Communications Letters, 2020, 9(10): 1596 - 1600.

136

[32]　ZHENG B，WU Q，ZHANG R. Intelligent reflecting surfaceassisted multiple access with user pairing：NOMA or OMA? . IEEE Communications Letters，2020，24(4)：53 – 757.

[33]　ZENG M，HAO W，DOBRE O A，et al. Cooperative NOMA：state of the art，key techniques，and open challenges. IEEE Network，2020，34 (5)：205 – 211.

[34]　ZHANG L，LIU J，XIAO M，et al. Performance analysis and optimization in downlink NOMA systems with cooperative full-duplex relaying. IEEE Journal on Selected Areas in Communications，2017，35 (10)：2398 – 2412.

[35]　ELHATTAB M，ARFAOUI M A，ASSI C，et al. Reconfigurable intelligent surface enabled fullduplex/ half-duplex cooperative non-orthogonal multiple access. https://arxiv. org/abs/2101. 01307.

[36]　WU X，HAAS H. Load Balancing for Hybrid LiFi and WiFi Networks：To Tackle User Mobility and Light-Path Blockage. IEEE Transactions on Communications，2020，68(3)：1675 – 1683.

[37]　KÜÇÜK K，MSONGALELI D，AKBULUT O，et al. Self adaptive medium access control protocol for aggregated VLC-RF wireless networks. Optics Communications，2021，488：126837.

[38]　ABOAGYE S，NGATCHED T M N，DOBRE O A，et al. Joint Access Point Assignment and Power Allocation in Multi-Tier Hybrid RF/VLC HetNets. IEEE Transactions on Wireless Communications，2021，20(10)：6329 – 6342.

[39]　PENG H，LI Q，PANDHARIPANDE A，et al. End-to-end performance optimization of a dual-hop hybrid VLC/RF IoT system based on SPLIT. IEEE Internet of Things Journal，2021：1 – 1.

[40]　KONG J，ISMAIL M，SERPEDIN E，et al. Energy efficient optimization of base station intensities for hybrid RF/VLC networks. IEEE Transactions on Wireless Communications，2019，18(8)：4171 – 4183.

[41]　VISHWAKARMA N，SWAMINATHAN R. Performance analysis of hybrid FSO/RF communication over generalized fading model. Optics Communications，2021，487：126796.

[42]　AL HAMMADI A，SOFOTASIOS P C，MUHAIDAT S，et al. Non-Orthogonal Multiple Access for Hybrid VLC-RF Networks With Imperfect

Channel State Information. IEEE Transactions on Vehicular Technology, 2021, 70(1): 398 - 411.

[43] XIAO Y, DIAMANTOULAKIS P D, FANG Z, et al. Hybrid Lightwave/ RF Cooperative NOMA Networks. IEEE Transactions on Wireless Communications, 2020, 19(2): 1154 - 1166.

[44] OBEED M, DAHROUJ H, SALHAB A M, et al. Power Allocation and Link Selection for Multicell Cooperative NOMA Hybrid VLC/RF Systems. IEEE Communications Letters, 2021, 25(2): 60 - 564.

[45] LEI X, YANG L, ZHANG J, et al. LAP-based FSO-RF cooperative NOMA systems. In 2020 IEEE 92nd Vehicular Technology Conference (VTC2020- Fall), 2020: 1 - 5.

[46] JAMALI M V, MAHDAVIFAR H. Uplink Non-Orthogonal Multiple Access Over Mixed RF-FSO Systems. IEEE Transactions on Wireless Communications, 2020, 19(5): 3558 - 3574.

[47] CHHETRI S R, FAEZI S, AL FARUQUE M A. Information Leakage- Aware Computer-Aided Cyber-Physical Manufacturing. IEEE Transactions on Information Forensics and Security, 2018, 13(9): 2333 - 2344.

[48] PATTANAYAK D R, DWIVEDI V K, KARWAL V. On the physical layer security of hybrid RF-FSO system in presence of multiple eavesdroppers and receiver diversity. Optics Communications, 2020, 477: 126334.

[49] LIANG H, LI Y, MIAO M, et al. Analysis of selection combining hybrid FSO/RF systems considering physical layer security and interference. Optics Communications, 2021, 497: 127146.

[50] PAN G, et al. Secure Cooperative Hybrid VLC-RF Systems. IEEE Transactions on Wireless Communications, 2020, 19(11): 7097 - 7107.

[51] KUMAR A, GARG P, GUPTA A. PLS Analysis in an Indoor Heterogeneous VLC/RF Network Based on Known and Unknown CSI. IEEE Systems Journal, 2021, 15(1): 68 - 76.

[52] LEI H, DAI Z, PARK K, et al. Secrecy Outage Analysis of Mixed RF-FSO Downlink SWIPT Systems. IEEE Transactions on Communications, 2018, 66(12): 6384 - 6395.

[53] CUI M, ZHANG G, ZHANG R. Secure Wireless Communication via Intelligent Reflecting Surface. IEEE Wireless Communications Letters, 2019,

8(5)：1410 – 1414.

[54] DONG L, WANG H M. Enhancing Secure MIMO Transmission via Intelligent Reflecting Surface. IEEE Transactions on Wireless Communications，2020，19(11)：7543 – 7556.

[55] SHEN H，XU W，GONG S，et al. Secrecy Rate Maximization for Intelligent Reflecting Surface Assisted Multi-Antenna Communications. IEEE Communications Letters，2019，23(9)：1488 – 1492.

[56] CHU Z，HAO W，XIAO P，et al. Secrecy Rate Optimization for Intelligent Reflecting Surface Assisted MIMO System. IEEE Transactions on Information Forensics and Security，2021，16：1655 – 1669.

[57] GUAN X，WU Q，ZHANG R. Intelligent Reflecting Surface Assisted Secrecy Communication：Is Artificial Noise Helpful or Not？. IEEE Wireless Communications Letters，2020，9(6)：778 – 782.

[58] YANG L，YANG J，XIE W，et al. Secrecy Performance Analysis of RIS-Aided Wireless Communication Systems. IEEE Transactions on Vehicular Technology，2020，69(10)：12296 – 12300.

[59] TRIGUI I，AJIB W，ZHU W P. Secrecy Outage Probability and Average Rate of RIS-Aided Communications Using Quantized Phases. IEEE Communications Letters，2021，25(6)：1820 – 1824.

[60] CHEN J，LIANG Y C，PEI Y，et al. Intelligent Reflecting Surface：A Programmable Wireless Environment for Physical Layer Security. IEEE Access，2019，7：82599 – 82612.

[61] HU S，WEI Z，CAI Y，et al. Robust and secure sum-rate maximization for multiuser MISO downlink systems with self-sustainable IRS，2021. https：// arxiv. org/abs/2101. 10549.

[62] ZHANG Z，LV L，WU Q，et al. Robust and secure communications in intelligent reflecting surface assisted NOMA networks，2020. https：// arxiv. org/abs/2009. 00267.

[63] ZHANG Z，ZHANG C，JIANG C，et al. Improving Physical Layer Security for Reconfigurable Intelligent Surface Aided NOMA 6G Networks. IEEE Transactions on Vehicular Technology，2021，70(5)：4451 – 4463.

[64] QIAO J，ALOUINI M S. Secure Transmission for Intelligent Reflecting Surface-Assisted mmWave and Terahertz Systems. IEEE Wireless Communications Letters，2020，9(10)：1743 – 1747.

139

［65］ QIAN L，CHI X，ZHAO L，et al. Secure visible light communications via intelligent reflecting surfaces，2021. https：// arxiv. org/abs/ 2101. 12390.

［66］ KOMINE T，NAKAGAWA M. Fundamental analysis for visible-light communication system using LED lights. IEEE Trans. Consum. Electron. ，2004，50(1)：100 - 107.

［67］ EROGLU Y S，YAPICI Y，GÜVENÇİ. Impact of Random Receiver Orientation on Visible Light Communications Channel. IEEE Transactions on Communications，2019，67(2)：1313 - 1325.

［68］ YIN L，POPOOLA W O，WU X，et al. Performance Evaluation of Non-Orthogonal Multiple Access in Visible Light Communication. IEEE Transactions on Communications，2016，64(12)：5162 - 5175.

［69］ TANG W，et al. Wireless Communications with Programmable Metasurface：New Paradigms，Opportunities，and Challenges on Transceiver Design. IEEE Wireless Communications，2020，27(2)：180 - 187.

第 6 章 总结与展望

随着物联网的空前发展和信息物理系统（工业 4.0）时代的来临，射频无线通信的频谱资源越来越难以满足大规模互联、高速率、低时延的数据传输需求。为了突破这个瓶颈，人们考虑开发新的频段和提高现有频谱资源的利用率。可见光通信利用未规划的 400～790 THz 的新频段进行数据传输，可以缓解日趋白热化的"频谱危机"，其巨大的科学意义和应用价值受到了国内外学术界、工业界和政府部门的普遍重视。由于其固有的广播传播、高信噪比特征，可见光通信相较于射频通信能更好地与 NOMA 技术相结合实现多用户通信。基于 NOMA 的多用户可见光通信，由于其信道的光无线传播而存在安全问题。可见光通信的物理层安全技术利用无线信道的差异性、互易性可直接在物理层保证信息的安全传输，近年来获得了广泛关注。

虽然关于可见光通信的物理层安全研究已经取得了一些成果，但还面临着以下挑战：

（1）实际应用中，窃听组织为了能够最大限度地窃听或获取信息，往往不止设置一个窃听节点，而是设置多个窃听节点，不同窃听场景下的 NOMA 多用户可见光通信物理层的安全需要研究。

（2）用户移动是可见光通信的重要特征，用户移动情况下基于 NOMA 的可见光通信物理层的安全需要探讨。

（3）在最基本的两用户 NOMA 可见光通信中，如何通过提升强用户的安全性，来保障弱用户的安全传输，仍有待解决。

（4）在可见光通信覆盖不到的区域，如何与智能反射面精确控制信号传播方向的优势相结合，将协作传输应用到基于 NOMA 的多用户可见光通信中，在扩大通信覆盖范围的同时提升用户的通信安全性，也是一个亟须解决的问题。

6.1 总　结

本书面向多用户可见光通信的应用需求及安全需求，针对以上问题，展开了基于 NOMA 的多用户可见光通信的物理层安全研究。首先，通过研究单个窃听节点与多窃听节点情况下基于 NOMA 的多用户可见光通信的物理层安全，获得不同情况下 NOMA 合法用户的安全性能界。其次，在分析单个用户随机移动情况下可见光通信的物理层安全基础上，研究用户移动情况下基于 NOMA 的多用户可见光通的信物理层安全，以提高移动场景下多用户可见光通信的安全性能。然后，针对两用户的 NOMA 可见光通信，研究强用户的物理层安全问题，通过提升强用户的安全性来确保弱用户信息的安全传输。最后，研究智能反射面辅助的异构网络协作 NOMA 的物理层安全，设计智能反射面辅助的异构网络中合法用户工作在协作 NOMA 模式下的安全传输方案，以增强基于 NOMA 的多用户协作可见光通信的安全性能。本书为面向 6G 的可见光通信安全研究提供了理论依据，为拓展 NOMA 物理层安全的应用领域提供了新思路，从而促进了可见光通信物理层安全技术在银行、机场等人员密集场所中的应用，同时也推动了其在溶洞旅游、泛在无线接入服务等领域的实用化进程。

本书的主要研究内容具体如下：

（1）基于 NOMA 的多用户可见光通信物理层安全。

当 LED 发射机通过 NOMA 方式与多个合法用户通信时，分别考虑了一个窃听者和多个窃听者两种情况。在一个窃听者的情况下，根据光无线信道的传输特性，利用 NOMA 合法信道的瞬时信道状态信息和窃听信道的统计信道状态信息，推导出安全中断概率的闭式表达式。在多个窃听者的情况下，基于合法用户和窃听者的空间位置分布特性，利用随机几何工具，研究了 NOMA 合法信道、最有害窃听信道的统计特性，得出了系统的安全中断性能，针对典型的室内 LED 发射机和 PD 接收机参数进行了仿真实验。实验结果表明，在一个窃听者的情况下，远离窃听者的合法用户的安全中断性能优于接近窃听者的合法用户，提高 LED 发射功率和扩大用户组之间的信道差异都可以提高 NOMA 合法用户的安全中断性能；另外，在给定窃听密度的多个窃听者的情况下，减小窃听密度或 LED 半功率半角可以提高 NOMA 合法用户的安全中断性能。这些结论将为物理层安全技术在基于 NOMA 的多用户可见光通信系统中的各种应用提供有价值的理论依据和重要的实践指导意义。

（2）用户移动情况下基于 NOMA 的可见光通信物理层安全。

本书首先研究了一个用户随机移动情况下可见光通信的物理层安全，获得了系统的非零安全容量概率以及安全吞吐量的闭式表达式，进而通过设置保护域以增强安全性能；接着研究了用户移动情况下基于 NOMA 的多用户可见光通信物理层安全，因用户移动使得动态分配光接入点以及基于 NOMA 向移动用户分配功率成为必然，通过将资源分配问题转化为动态功率分配问题，故提出了安全通信和功率分配的联合优化问题，在每个光接入点的功率和光接入点基于 NOMA 分配给关联用户的功率的约束条件下，使网络和安全容量达到最大；进而提出了一种基于迭代安全感知注水和 Karush-Kuhn-Tucker 最优性条件的分层功率分配算法，以获得优化问题的最优解；最后通过仿真实验验证了算法的收敛性和有效性，仿真结果表明，网络和安全容量依赖于用户密度、LED 的半功角、PD 的视场和房间内光接入点的数量。

(3) 两用户的 NOMA 可见光通信中强用户的物理层安全。

两用户的 NOMA 可见光通信中，强用户能够通过串行干扰消除技术去除弱用户的信号。如果不能保证强用户的信息安全性，那么弱用户的安全也不能得到保障。本书针对多输入单输出情况下 NOMA 强用户的安全性，分析了强度调制直接检测信道以及强用户的信噪比统计特性，推导出外来窃听条件下 NOMA 强用户的安全中断概率，最终通过与单输入单输出 NOMA 可见光通信中 NOMA 强用户的安全中断概率进行对比，验证了前者的优越性。仿真结果表明，强用户的安全性能在很大程度上取决于房间布局、合法信道和窃听者信道之间的差异性，以及 LED 和 PD 自身的特性。

(4) 智能反射面辅助的可见光-射频异构网络协作 NOMA 的物理层安全。

本书针对智能反射面辅助的可见光-射频异构网络，研究了工作在协作 NOMA 方式下两个合法用户在外部窃听者试图窃听协作信道信息时的物理层安全。由于可见光通信主要适用于视线传输，工作台下的用户设备不能直接接收来自光接入点的信号，因此需使用一个中继节点来执行光电转换与射频信息传输，进而通过联合配置中继节点和智能反射面来消除信号盲点并扩大通信覆盖范围。首先，基于光无线信道、智能反射面辅助射频无线信道的特征分别确定可见光通信链路、射频无线链路的统计特征；然后，推导所提的智能反射面辅助的可见光-射频异构网络协作 NOMA 的安全中断概率的闭式表达式；最后，通过与传统的 VLC - RF 多跳 AF 中继网络的安全中断概率进行对比，验证了前者的优越性。仿真结果表明，智能反射面辅助的可见光-射频异构网络协作 NOMA 的安全性能不仅取决于智能反射面的元面数、基于 NOMA 的功率分配，还取决于光电参数之间的折中设计。物理层安全性能的确定将用以优化设计多用户 VLC - RF 异构网络的参数。

本书的创新性主要体现如下：

(1) 现有的可见光通信物理层安全研究，解决的主要是一个合法用户受到窃听的安全问题，而未解决多用户通信的安全问题，尤其是基于 NOMA 优势的多用户可见光通信安全。针对 5G 网络海量接入的需求，本书研究了基于 NOMA 的多用户可见光通信的物理层安全问题，实现了理论新突破并具有实际应用价值。

（2）同时考虑用户移动、可见光通信的安全性需求以及未来通信的大规模互联需求，研究了用户移动情况下基于 NOMA 的可见光通信网络的物理层安全，提出了一种安全通信和功率分配的联合优化方法，为实际应用中移动用户的可见光安全通信提供了理论依据和技术支持，促进可见光通信物理层安全技术在银行、机场等人员密集场所中的应用，同时也推动了该技术在溶洞旅游、泛在无线接入服务等领域的实用化进程。

（3）在可见光覆盖不到的区域，结合智能反射面精确控制信号传播方向的优势，将协作传输应用到 NOMA 可见光-射频异构网络通信，设计实现了智能反射面辅助的可见光-射频异构协作 NOMA 网络的物理层安全方案，在扩大通信覆盖范围的同时提升了用户的通信安全性，具有较大的技术创新价值。

6.2　展　　望

今后，可见光通信的物理层安全研究工作可以从以下四个方面开展：

（1）研究更实用的 NOMA 多用户可见光通信的物理层安全方案，使物理层安全技术能更好地适应移动、链路障碍等不同的场景需求。

（2）将深度学习引入 NOMA 多用户可见光通信的物理层安全研究中，基于深度学习网络模型估计系统的安全中断性能，以降低计算执行时间并提高安全估计精度；设计基于深度学习网络的安全中继选择方案，利用深度学习网络模型预测系统安全性能。

（3）结合均匀照明进行 NOMA 多用户可见光通信的物理层安全研究，形成一个均匀照明与安全通信联合优化问题，在峰值发送功率、最低可接受的均匀照明度、LED 与用户的关联度、最小安全速率的约束下使合法用户的信噪比达到最大。

（4）修正本书研究的智能反射面辅助的 NOMA 多用户可见光-射频异构网络的物理层安全研究，考虑独立的智能反射面辅助的 NOMA 多用户可见光通信网络，研究智能反射面辅助的可见光通信信道特性，设计智能反射面元面分簇方案，利用部分智能反射面元面提高合法信道的接收信噪比，利用部分智能反射面元面抑制窃听信道的接收信噪比，以进一步提高网络的安全性能。